Python程序开发案例教程

主　编◎阮进军　李春秋
副主编◎祖　婷　鹿建银　司均飞
参　编◎李　荣　李晓晴　陈　凯
陈祥俭　罗　艳　胡　勋
钱鉴青　徐　果　高　朋
陶　路　蔡继永　潘洪志
潘晓莉
主　审◎郑尚志

中国人民大学出版社
·北京·

编写委员会

前言

党的二十大报告指出，加快建设教育强国、科技强国、人才强国。随着人工智能、大数据和区块链等新一代信息技术的飞速发展，Python 语言作为一种面向对象、解释型的高级编程语言，在近些年越来越受到人们的关注。Python 语言不仅以其优雅、明确、简单的设计理念而著称，也以其高效的开发能力和丰富的第三方库支持而闻名。在 Web 开发、机器学习、深度学习以及人工智能等前沿领域，Python 展现出了卓越的应用能力，成为当今备受推崇的编程语言之一。本书立足于校企合作开发满足实际岗位技能需求的实践案例，注重“职业素养”元素的有机融入，努力为培养服务十大新兴产业的高端技能人才提供支撑。

本书特别针对编程初学者进行了内容编排和章节组织，让读者能在短时间内掌握 Python 编程语言的基本技术和编程思维。本书具有以下特点：

1. 零基础入门

学生不需要有其他程序设计语言的相关基础，跟随本书学习即可轻松掌握 Python 编程语言的基本技术和编程思维。

2. 内容编排精心设计

Python 编程涉及范围非常广泛，本书选取任务内容以“必需”“够用”为度，在结构组织方面大胆打破常规，根据工作过程将知识点和技能训练融于每个任务中，循序渐进，在做中学，学做合一。

同时，本书针对《全国计算机等级考试（NCRE）二级 Python 语言程序设计考试大纲（2025 年版）》作了精心编排，全面覆盖考试大纲内容。本书还专门针对考试大纲提供了习题集，体现了“岗课赛证”最新的教学需要。

3. 知识与技能并重

本书通过通俗易懂的语言和流行有趣的实例，使学生能够轻松领会 Python 程序开发的精髓，快速提高程序开发技能，方便教师教学，也方便学生学习。同时，本书聚焦岗位核心能力的开发，紧跟行业和市场发展新技术、新工艺，体现学科发展新方向，将新技术、新规范融合到教材中。

本书共包括 9 个项目，分别是：Python 概述、程序控制结构、Python 组合数据类型、Python 函数及模块、Python 标准库、第三方库、类与面向对象、文件操作与异常处理、Python 数据挖掘与分析。每个项目都配备了丰富的教学资源（PPT 课件、源代码、试题库、微课视频等），供教师教学和学生学习使用。

本书由安徽商贸职业技术学院阮进军、李春秋担任主编，安徽机电职业技术学院祖婷、巢湖学院鹿建银、安徽国际商务职业学院司均飞担任副主编，安徽商贸职业技术学院潘洪志、安徽国际商务职业学院钱鉴青和罗艳、安徽水利水电职业技术学院高朋、滁州城市职业学院蔡继永等老师参与编写。本书在编写过程中，得到了编写人员所在学校以及中国移动通信集团安徽有限公司胡勋、科大讯飞股份有限公司李荣、北京软通动力教育科技有限公司李晓晴等工程师的热情支持和帮助，在此表示诚挚的感谢！

由于编者水平有限，本书难免存在疏漏之处，敬请专家与读者批评指正。联系方式（QQ）：154536304。

编者

目 录

项目 1

Python 概述

学习目标

知识目标：

- 熟悉 Python 语言的特点和优势。
- 了解 Python 的语法特点。
- 了解基本的数据类型。

技能目标：

- 掌握 Python 开发环境的搭建。
- 掌握 Python 的输入和输出方法。

素养目标：

- 树立学习 Python 的信心，培养严谨认真的学习态度。

项目描述

本项目主要在 Windows 平台上基于 PyCharm 对 Python 的环境搭建及基础知识做一个详细的讲解。Python 入门者首先要会安装 Python 解释器和运行 Python 程序，熟练搭建 Python 开发环境并掌握安装方法；其次要对 Python 有一个基本的认识，了解它的语法特点，了解它的标识符和关键字，知道它的数据类型及运算符，并通过简单的案例感受 Python 语言的特点和优势，为今后的学习打好基础。

知识导图

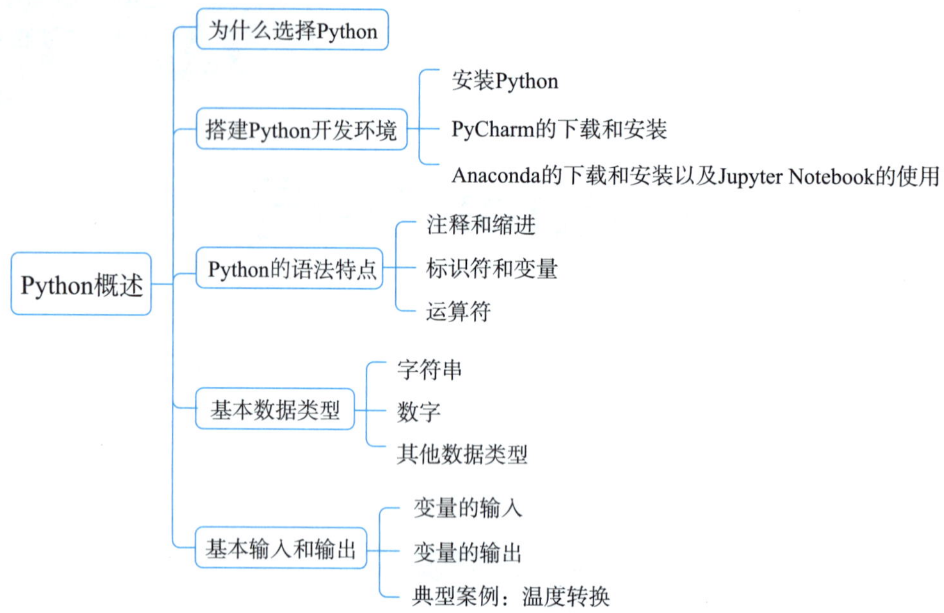

任务 1.1 为什么选择 Python

典型案例

第一个 Python 程序

按照行业惯例，我们学习任何一门编程语言写的第一个程序都是输出“Hello World！”，因为这段代码是伟大的丹尼斯·里奇（Dennis Ritchie，他和肯·汤普森（Ken Thompson）一起开发了 Unix 操作系统）和布莱恩·柯尼汉（Brian Kernighan, awk 语言的发明者）在他们的不朽著作 *The C Programming Language* 中写的第一段代码。下面我们使用 Python 语言输出：“你好，世界！”首先，在开始菜单的搜索框中输入“命令”或“cmd”并按“Enter”键，然后，单击程序“命令提示符”打开一个命令窗口，在终端窗口中输入“Python”并按“Enter”键，最后，在命令提示符“>>>”后面输入如下代码：

```
print("Hello World!")
```

按“Enter”键，窗口显示出打印运行结果。运行结果为：

```
Hello World!
```

这里需要注意的是：上面的代码只有一个语句，在这个语句中，我们用到了一个名为 print 的函数，它可以帮助我们输出指定的内容；print 函数圆括号中的“Hello World!”是一个字符串，它代表了一段文本内容；在 Python 语言中，我们可以用单引号或双引号来表示一个字符串。不同于 C、C++ 或 Java 这样的编程语言，Python 代码中的语句不需要用分号来表示结束，也就是说，如果我们想再写一条语句，只需要按“Enter”键换行即可。通过运行第一个程序，我们发现 Python 解释器可以逐行接收代码并即时响应，这是交互式 Python 程序的运行方式，写完一行代码，按“Enter”键就会运行。如果有多行代码，那么如何运行呢？这时我们就需要用到 Python 的另一种运行方式——文件式，通过创建一个 Python 文件读取文件内容来运行程序。在电脑的 D 盘中创建一个名为“test.py”的文件，通过记事本程序打开它，并输入 print ("Hello World!") 和 print (“你好，世界！”)，在“命令提示符”程序中，在命令提示符“>”后面输入命令“python d:\tset.py”，按“Enter”键，即可运行出相对应的结果，如图 1-1 所示。

```
命令提示符

Microsoft Windows [版本 10.0.22631.4037]
(c) Microsoft Corporation。保留所有权利。

C:\Users\qianj>python d:\test.py
Hello World!
你好，世界！
```

图 1-1　运行结果界面

知识梳理

Python 是诞生于 20 世纪末的一种较新的语言，它是一种面向对象的解释型计算机程序设计语言。众所周知，计算机程序语言有多种，而我们依然坚持选择 Python 是因为这种语言有着独特的魅力。总结起来，这体现在以下几个方面：

一是简单易学。Python 语言相较于其他编程语言，更容易让初学者快速掌握。Python 语法虽然大多源自 C 语言，但是没有 C 语言中复杂的指针，同时秉持“使用最优方案解决问题”的原则，因此 Python 语法得到了简化，降低了学习难度。

二是简洁精练。在实现相同功能的情况下，Python 代码的行数较少，这使得开发效率大大提高。

三是应用场景丰富。Python 除了有一个庞大的标准库以外，还拥有十分强大的第三方库，用于科学计算、数据分析和可视化。

四是可跨平台。Python 可以在多种操作系统上运行，包括 Windows、macOS、Linux 等，这使得它非常适合于跨平台开发。

五是可扩展性。Python 可以很容易地与其他语言编写的代码集成，如 C、C++ 和 Java。这使得 Python 可以充分利用其他语言的性能优势，从而具备开发大型系统的能力。

综上所述，Python 相较于其他语言更加易学和易读，非常适合开发者进行快速的开发，也更适合编程的初学者。它的诸多优势都是我们首选 Python 作为编程语言的重要原因。

任务 1.2　搭建 Python 开发环境

知识梳理

搭建 Python 开发环境需要两个重点步骤：一是在计算机上安装合适版本的 Python，二是安装一个用于编写和运行 Python 程序的开发工具。

1.2.1 安装 Python

Python 是一种跨平台的编程语言，这意味着它能在所有主流操作系统中运行。在不同的操作系统中，Python 存在细微差别。本节重点介绍在 Windows 系统中安装 Python。

1. 检查系统是否安装了 Python

Windows 系统通常没有默认安装 Python，我们可以先来检查系统是否安装了 Python。方法是在开始菜单的搜索框中输入“命令”或“cmd”并按“Enter”键，再单击程序“命令提示符”打开一个命令窗口，在终端窗口中输入 Python 并按“Enter”键。如果出现了 Python 提示符（>>>），就说明系统安装了 Python；如果出现一条错误消息，指出 Python 是无法识别的命令，就说明没有安装 Python；如果系统自动启动了 Microsoft Store，那么也说明没有安装 Python。相较于使用 Microsoft 提供的 Python 版本，到 Python 官网上下载安装程序是更好的选择。

2. 安装 Python 3.12

如果系统没有安装 Python, 就需要下载 Python 的安装包。访问 Python 官网的下载页：http://www.Python.org。这是我们学习 Python 需要记住的第一个网站。

在 Python 的官网中，我们可以发现 Python 有多个版本。随着新概念和新技术的不断推出，Python 的版本也在不断更新。本书编写期间的最新版本是 Python 3.12，所以接下来的安装流程以 Python 3.12.4 版本为例。

在下载页面单击“下载”按钮，选择 Windows 系统，进入 Windows 版软件下载页面，根据 Windows 系统版本选择相应的软件包。这里 Windows 系统类型为 64 位操作系统，所以选择的是 Windows installer(64-bit)，如图 1-2 所示。

下载完成后，双击已经下载的安装包，来到 Python 的安装界面，如图 1-3 所示。

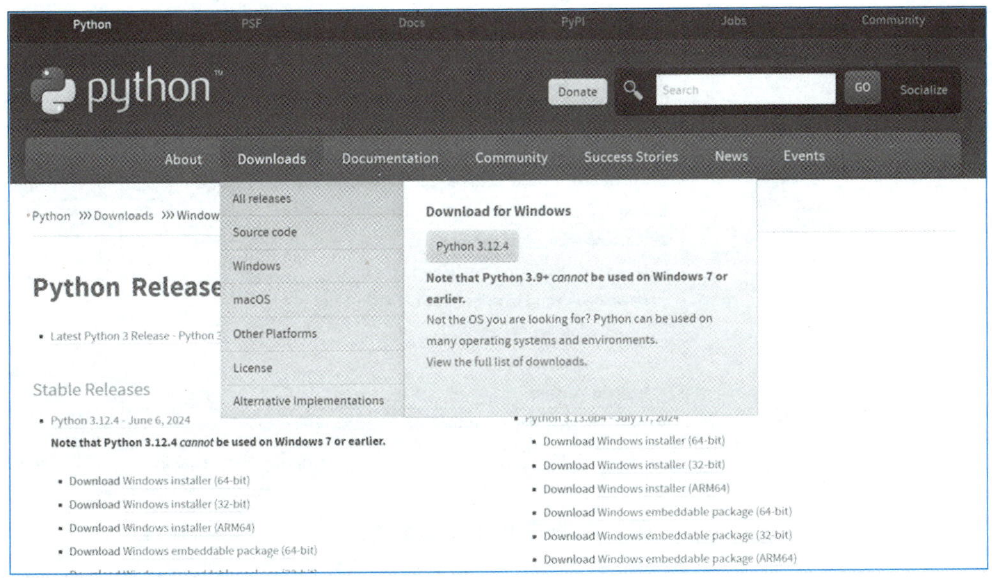

图 1-2　选择合适的 Python 安装包

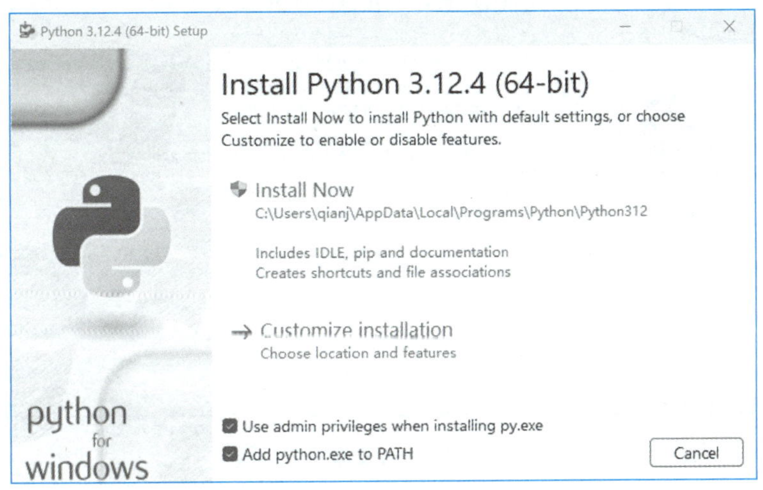

图 1-3　Python 安装界面

在这个界面上，Install Now 选项是默认安装，安装内容和路径是默认的。Customize installation 选项是自定义安装，设置时可以根据自己的需要减少或增加功能、指定安装路径。另外，务必勾选“Add python.exe to PATH”复选框，勾选这个选项可以让安装完成后的 Python 自动添加到环境变量中。环境变量是操作系统中用于指定系统运行环境的一些参数，以便系统在运行一个程序时获取到程序所在的完整路径。如果忘记勾选这个选项，那么后期要手动配置环境变量，以保证程序的正常运行。

在高级选项中选择安装路径，然后单击“Install”按钮，开始进行安装，如图 1-4 所示。安装完成后，安装界面会提示安装成功信息。这样，Python 就安装完成了，如图 1-5 所示。大家也可以打开命令提示符窗口验证 Python 是否安装成功。

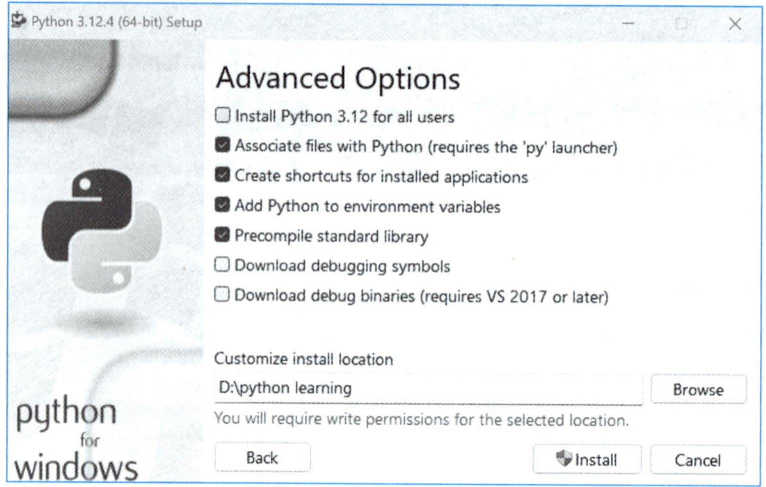

图 1-4　选择 Python 安装路径

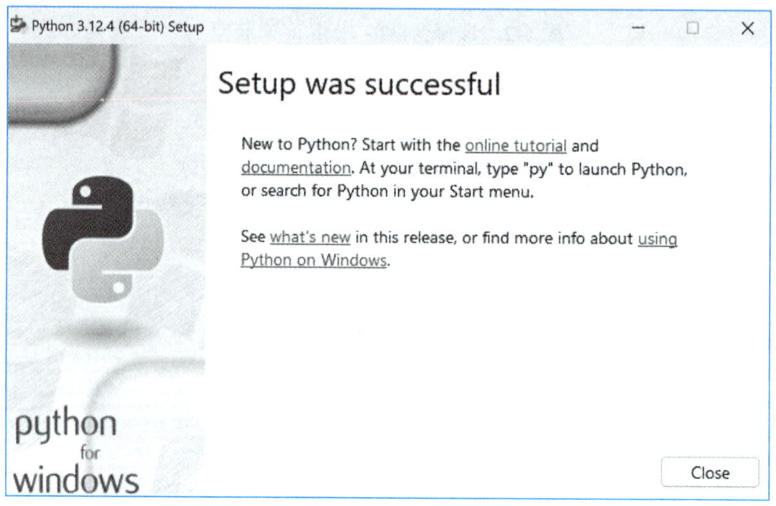

图 1-5　Python 安装完成界面

3. 配置 Python 环境变量

如果在安装 Python 时未勾选“Add python.exe to PATH”选项，则需要通过手动配置环境变量以确保在系统的任何路径下都可以正常启动和使用 Python。下面我们来手动配置环境变量 Path。

在 Windows 10 系统中，右击“此电脑”，单击“属性”选项打开“设置”窗口，然后单击“高级系统设置”选项打开“系统属性”对话框，如图 1-6 所示。

单击“环境变量”按钮，打开“环境变量”对话框。在“系统变量”列表框中找到变量“Path”，双击后来到“编辑环境变量”对话框，将之前安装 Python 的路径添加到文本框中即可，如图 1-7 所示。保存所做的操作，就完成了环境变量的设置，如图 1-8 所示。

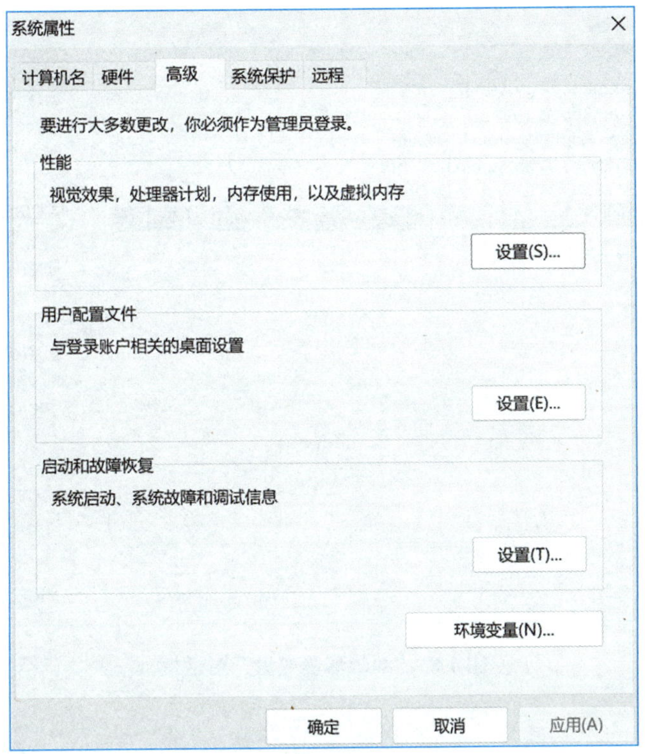

图 1-6　“系统属性”对话框

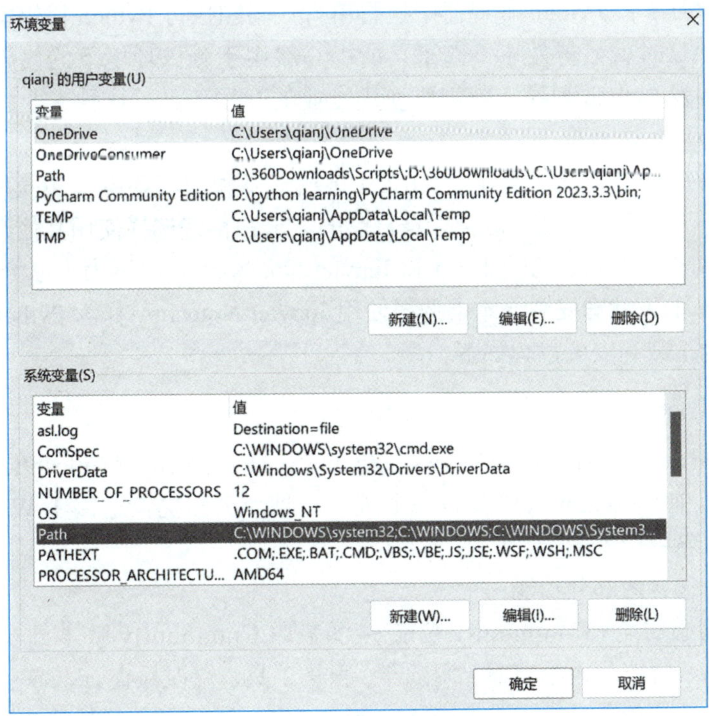

图 1-7　“环境变量”对话框

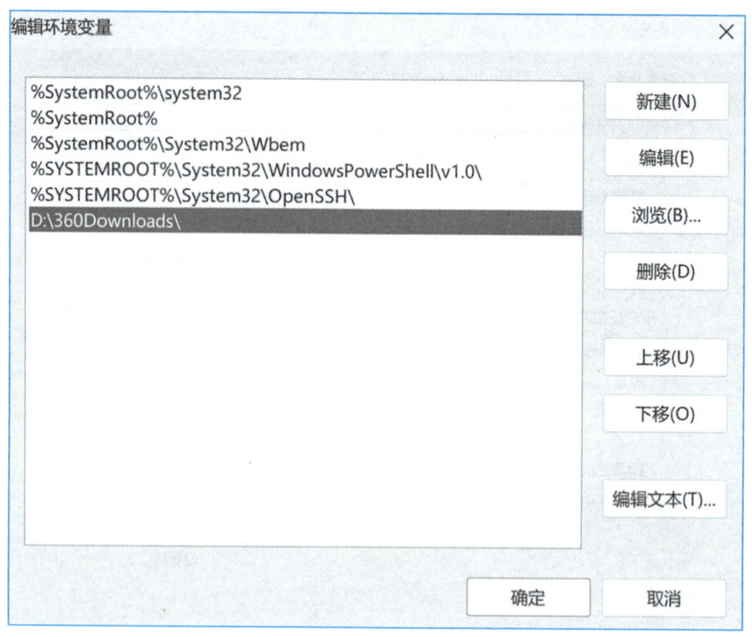

图 1-8 “编辑环境变量”对话框

1.2.2 PyCharm 的下载和安装

前面我们学习了在 Python 解释器中执行单行代码和执行 Python 代码文件，这两种方式在开发大型项目时就显得效率不高了，所以一般用于测试环境下的代码运行。如果要专业、系统地开发 Python 程序，就需要使用专业的开发工具，这种专业的开发工具叫做 IDE（集成开发环境）。

Python 本身提供了集成开发环境 IDLE（集成开发和学习环境），IDLE 具备集成开发环境的基本功能，但开发人员一般会根据自己的需求和喜好选择使用其他开发工具。一般常用的开发工具有 VSCode、PyCharm 和 Jupyter Notebook。这里为大家介绍 PyCharm 和 Jupyter Notebook 的下载和安装。本书选择使用 Jupyter Notebook 作为 Python 的开发工具。

PyCharm 的下载和安装过程如下。

1. 下载 PyCharm

访问 PyCharm 官方网站：http://www.jetbrains.com/pycharm/download/，进入 PyCharm 的下载页面。目前 PyCharm 已整合为一个统一产品，页面提供适用于 Windows、macOS 和 Linux 系统的统一安装包。

该统一产品包含两部分功能：

（1）免费核心功能（Community 功能）：涵盖原 Community 版本的全部特性，包括 Python 开发支持、智能代码编辑器、调试器、重构工具、错误检查、VCS（版本控制系统）集成等。这部分功能免费提供，并遵循 Apache 2.0 许可证，可满足基础 Python 开发需求。

（2）付费 Pro 功能（Professional 功能）：包含原 Professional 版本的高级功能，例如

Web 开发支持（如 Django、Flask 等框架）、JavaScript 和 TypeScript 等多语言支持、远程开发功能、Python 性能分析器、数据库及 SQL 支持等。安装后用户可免费试用 30 天 Pro 功能，试用结束后如果需要继续使用这些高级功能，则需要订阅相应的许可证。

在下载页面中，用户可以直接下载统一安装包（默认以 Community 功能为基础启动，Pro 功能在试用期内可用）。接下来，我们以 Windows 系统为例，演示如何安装 PyCharm。

2. 安装 PyCharm

首先，单击“下载”按钮，下载安装包（pycharm-community-2024.1.4.exe），进入安装界面，单击“下一步”按钮，在安装目录中选择想要安装的路径。然后，按照界面提示操作并单击“下一步”按钮。最后，单击“安装”按钮，稍等片刻，弹出安装完成界面，单击“完成”按钮，PyCharm 就安装完成了。安装过程如图 1-9 ～ 图 1-13 所示。

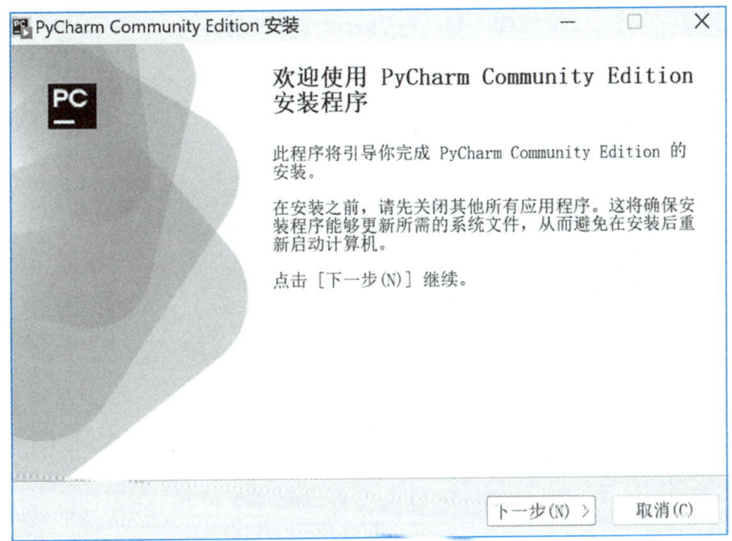

图 1-9　PyCharm 安装程序

图 1-10　选择 PyCharm 安装位置

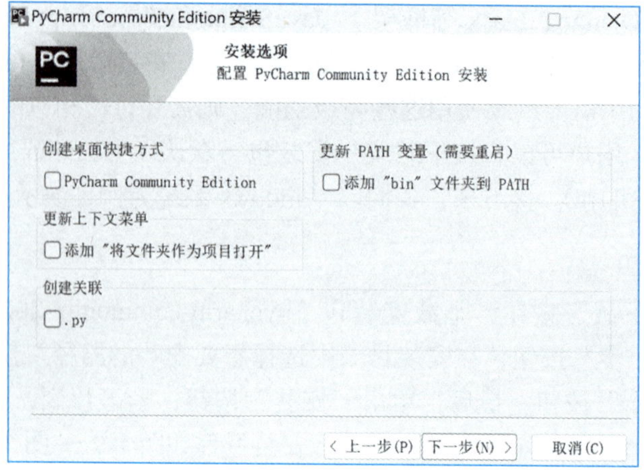

图 1-11　PyCharm 安装选项

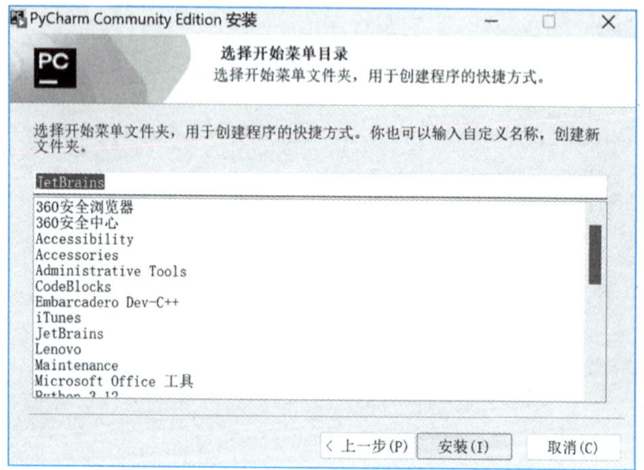

图 1-12　PyCharm 安装选择开始菜单目录

图 1-13　完成 PyCharm 安装

3. 使用 PyCharm

初次启动 PyCharm 会弹出欢迎界面，单击“新建项目”（New Project），打开“新建项目”设置界面，如图 1-14 所示。在此界面中，需要注意“基础 Python”的设置，它用于指定 Python 解释器的安装路径，即 python.exe 所在的位置。通常情况下，PyCharm 会自动检测并列出已安装的 Python 解释器。如果未自动检测到，用户也可以通过下拉菜单手动选择解释器路径，或者单击“...”浏览并定位到 python.exe 所在的目录。

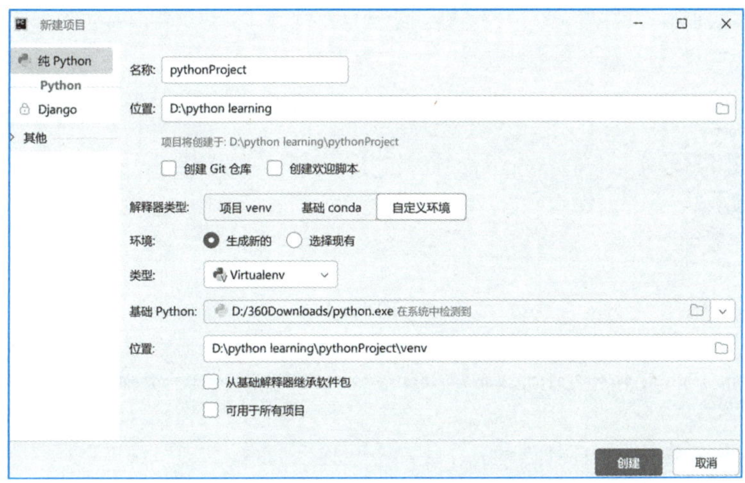

图 1-14　完成 PyCharm 配置

完成配置后，单击“创建”按钮，就可以创建一个新的工程。在工程界面的左边界面右击空白处，在下拉列表中找到“New”选项，再单击“New”的子菜单中的“Python File”选项（如图 1-15 所示），弹出“New Python File”窗口，在“Name”文本框中输入文件的

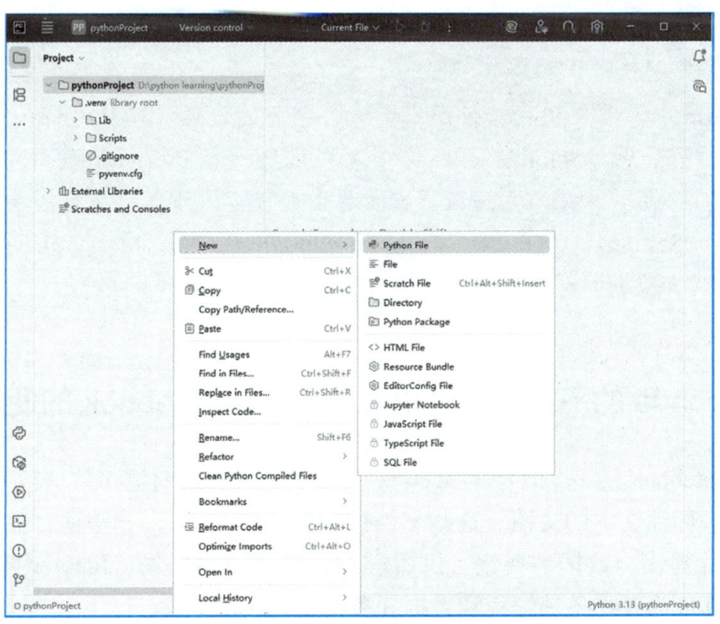

图 1-15　创建新的 Python 文件

名称，然后按“Enter”键即可完成新文件的创建。

这里创建的新文件名称为“first.py”，文件创建后的 PyCharm 窗口如图 1-16 所示，在编辑栏中输入 print("Hello World!")，右击空白处，在下拉列表中选择绿色的三角按钮即“Run”按钮运行程序就可以了。

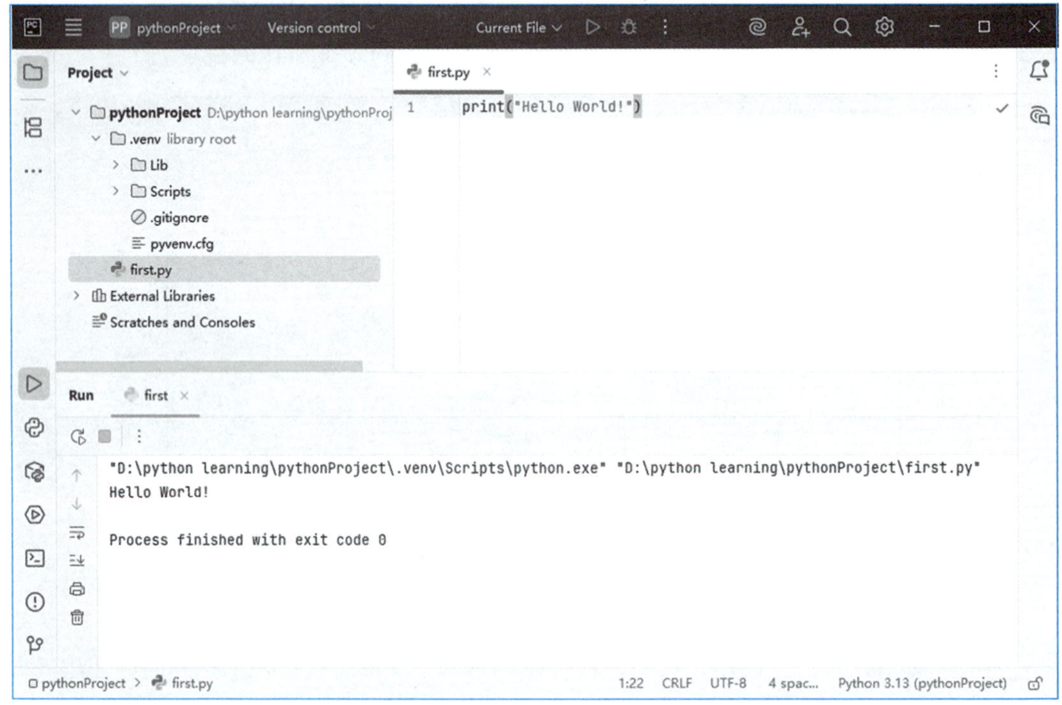

图 1-16　在 PyCharm 中运行第一个 Python 程序

知识拓展

在 PyCharm 中，用户还可以根据需要进行相关的设置。在 PyCharm 软件界面，选择“File”下拉列表的“Settings”，在这里可以设置选择 PyCharm 解释器、设置字体、设置配色方案等。用户如果不太适应英文版界面，也可以添加中文包插件来将界面转换成中文，即在“Settings”的下拉列表中选择“Plugins”，在“Marketplace”中选择“中文语言包”插件，重新打开 PyCharm 即可完成语言的切换。

1.2.3 Anaconda 的下载和安装以及 Jupyter Notebook 的使用

Jupyter Notebook 是一个开源的 Web 应用程序，它允许创建和共享包含实时代码、方程、可视化和解释性文本的文档。这些文档被称为“笔记本”，非常适合数据清洗和转换、数值模拟、统计建模、数据可视化、机器学习等多种应用场景。Jupyter Notebook 的灵活性和易用性使其成为处理各种编程和数据任务的流行工具。

下面，我们将详细介绍 Anaconda 的下载和安装以及 Jupyter Notebook 的使用。Anaconda 为用户提供了易于安装和管理的软件包集合，特别是用于科学计算、数据分析和机器学习的软件包。Anaconda 包括 Python 语言及其大量的库和工具，因此如果下载安装了 Anaconda，就不用再另外下载安装 Python 了。目前，Anaconda 和 Jupyter Notebook 已经成为数据分析的标准环境。

1. Anaconda 的下载和安装

访问 Anaconda 官方网址 https://www.anaconda.com/，单击主页右上角的“Free Download”，如图 1-17 所示，跳转到邮箱填写界面，这里可以单击“Skip registration”按钮跳过，接着单击“Download”进入 Anaconda 下载界面，如图 1-18 所示。如果下载速度较慢，那么也可以选择清华大学镜像源方式安装，网址为：https://mirrors.tuna.tsinghua.edu.cn/anaconda/archive/。

下载好安装包后，进入安装流程。安装流程如图 1-19 ～图 1-23 所示。

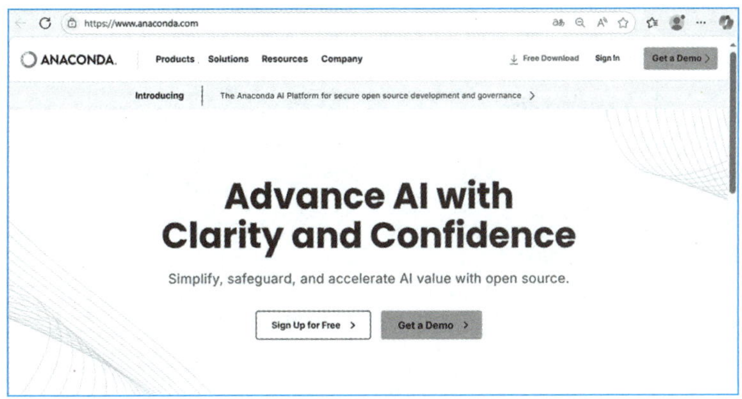

图 1-17　Anaconda 官方网址

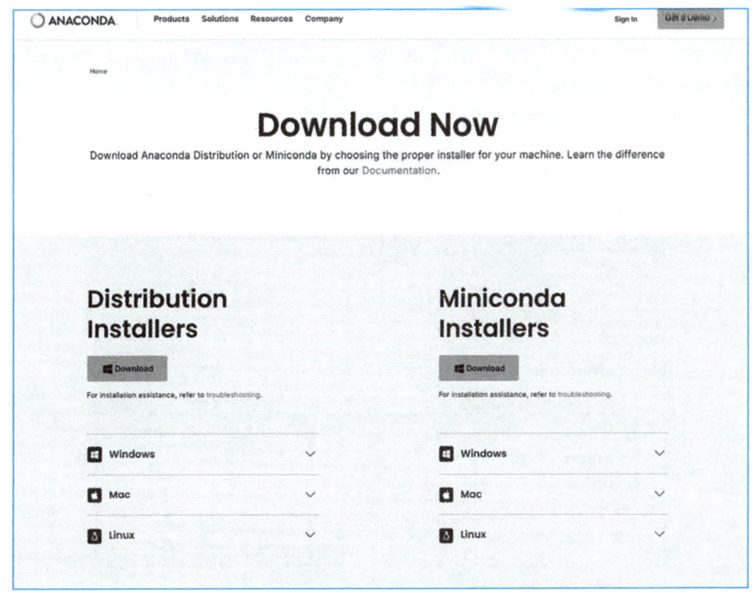

图 1-18　Anaconda 下载

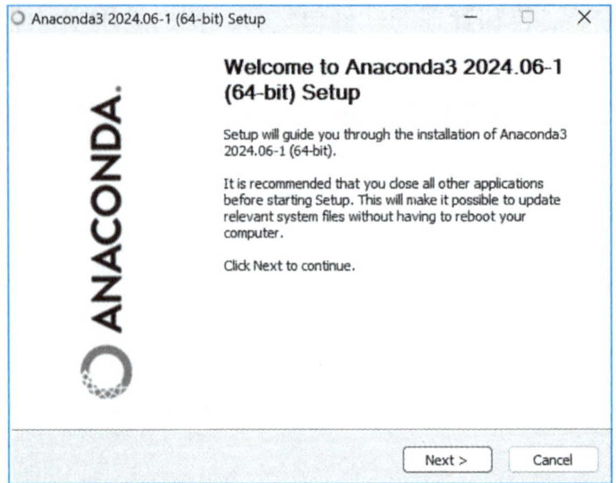

图 1-19　Anaconda 安装界面

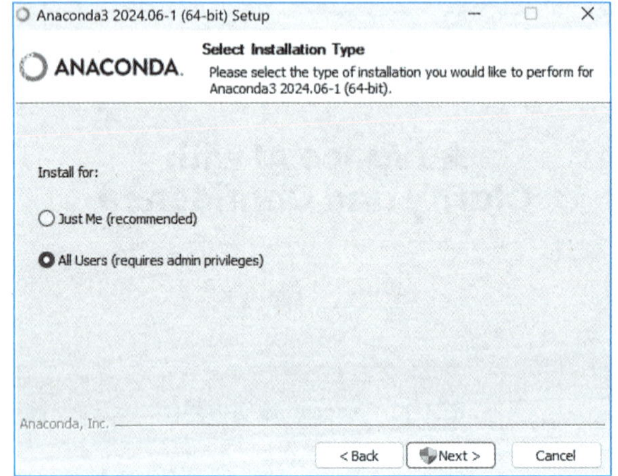

图 1-20　选择 Anaconda 程序使用用户

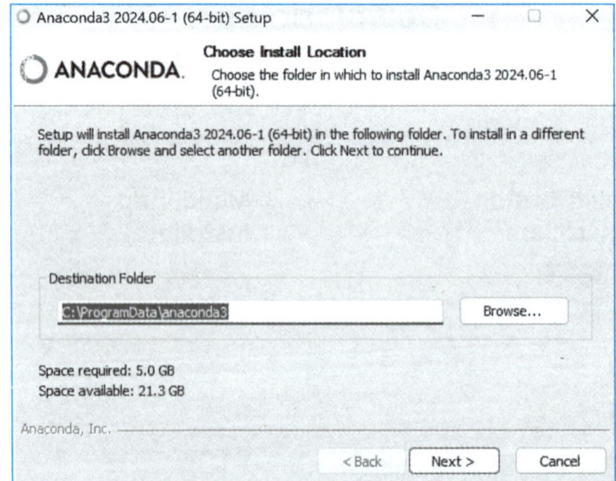

图 1-21　选择 Anaconda 程序安装路径

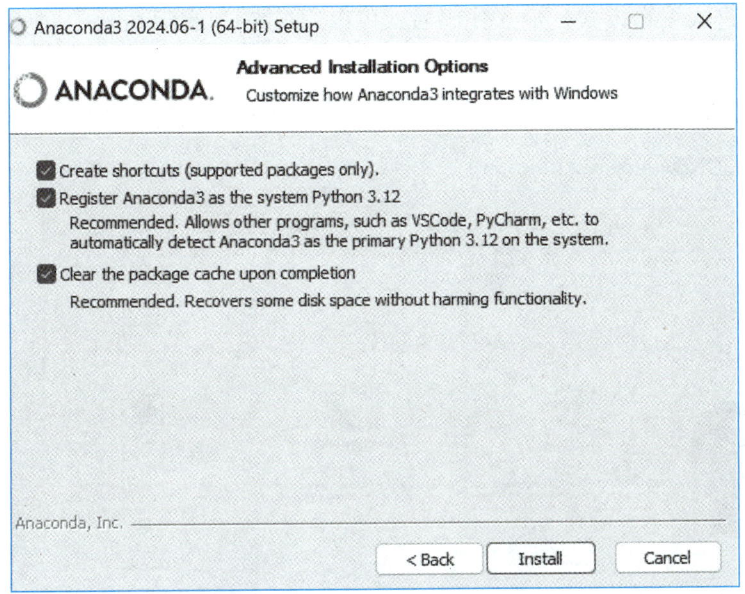

图 1-22 Anaconda 程序安装选项

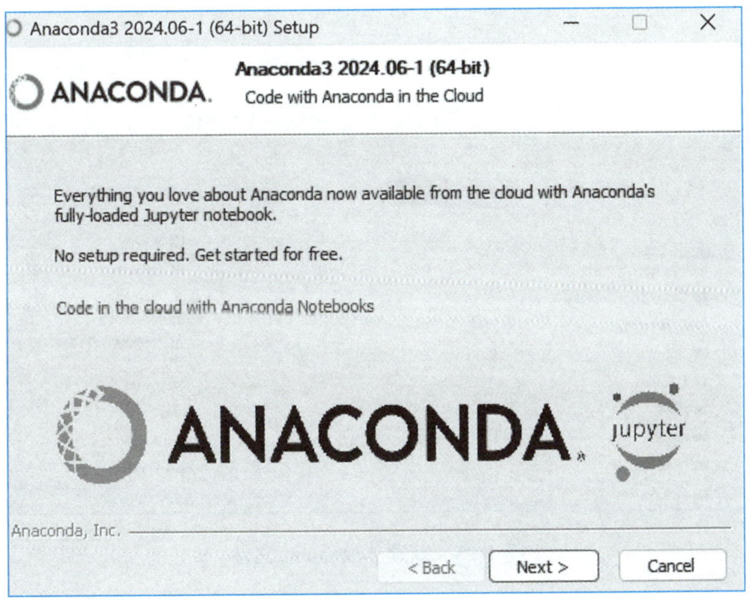

图 1-23 Anaconda 安装完成

2. Jupyter Notebook 的使用

完成 Anaconda 的安装后，从程序中找到“Anaconda Navigator”并打开，在界面中找到“Jupyter Notebook”模块，单击“Launch”按钮，如图 1-24 所示，即可打开 Jupyter Notebook 主页。单击该界面右上角“New”按钮，在下拉列表中选择“Notebook”选项，如图 1-25 所示，即可新建一个 Notebook 文档，打开默认命名为“Untitled1”的新建 Notebook 文档，即可打开 Jupyter Notebook 程序编辑界面，如图 1-26 所示。单击该界面中的第一个单元格进入编辑模式，输入代码后，可以通过按“Shift+Enter”键或者直接单击屏幕顶部的运行按钮来运行它。

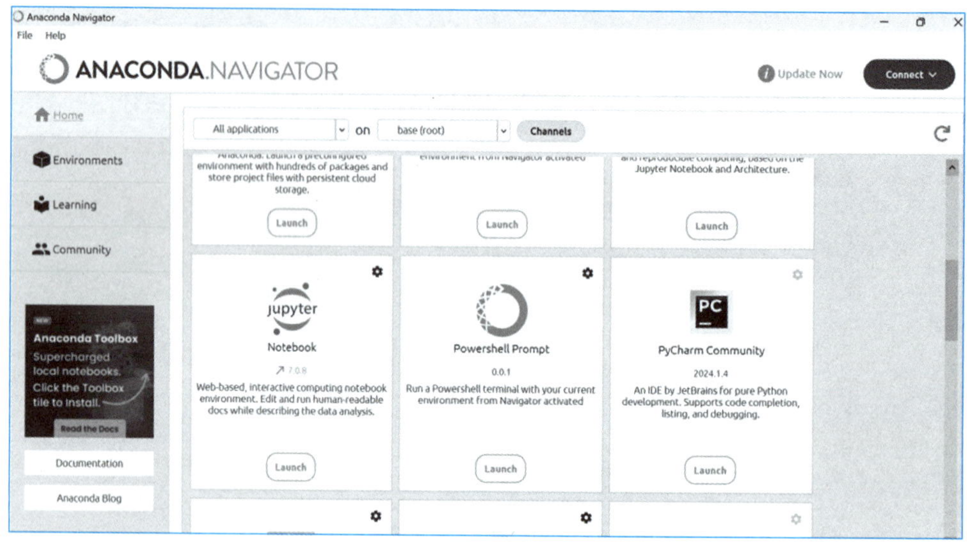

图 1-24 Anaconda 安装完成

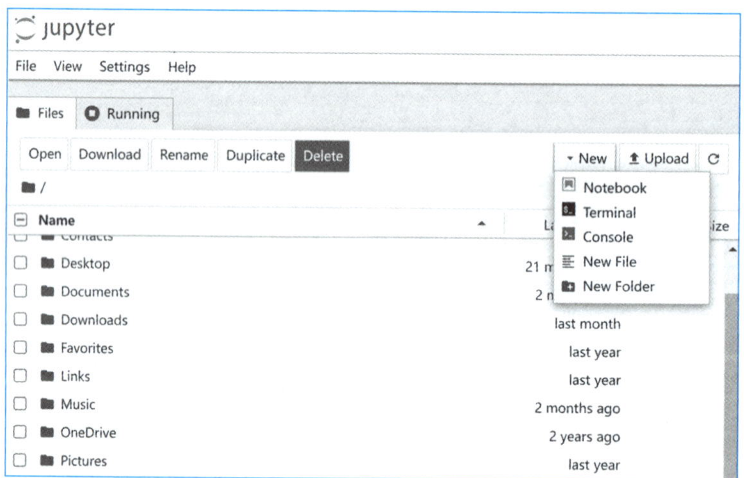

图 1-25 新建 Notebook 文件

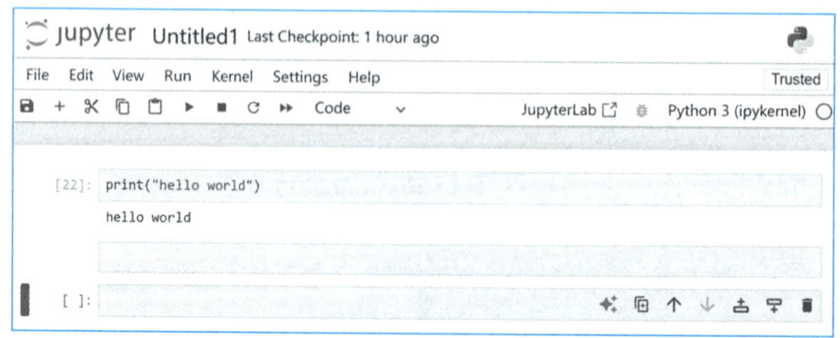

图 1-26 Jupyter Notebook 程序编辑界面

任务 1.3 Python 的语法特点

知识梳理

学习 Python 需要了解它的语法特点，如注释规则、代码缩进等。好的代码格式和编程习惯可以提升代码的可读性和规范性。下面将对学习 Python 时首先需要了解的语法特点进行详细介绍。

1.3.1 注释和缩进

1. 注释

在 Python 中，为了更好地帮助用户了解代码含义，可以添加对程序代码进行解释说明的文字来提高程序的可读性。这些文字需要添加一些特殊的符号，以保证对程序的运行不产生任何影响，这就是注释。注释根据实际使用情况分为单行注释和多行注释。

（1）单行注释。

单行注释以“#”开头，“#”后面的文字是说明，不被执行。示例如下：

```
# 打印第一个代码 Hello World!
print("Hello World!")
```

为确保注释的可读性，建议在“#”后面先添加一个空格，再添加相应的说明文字。如果单行注释和代码在同一行，那么注释和代码之间至少应该有两个空格。

（2）多行注释。

多行注释是由 3 对双引号或单引号引用的内容，用于在 Python 中注释有多行的情况。多行注释支持换行，一般用于说明函数或类的功能。示例如下：

```
'''
打印第一个代码 Hello World!
使用多行注释符
'''
print("Hello World!")
```

2. 缩进

Python 不像其他设计语言那样采用大括号“{}”分隔代码块，而是采用代码缩进和冒号“:”区分代码之间的层次。

缩进可以使用空格或 Tab 键实现。其中，如果使用空格，则通常情况下采用 4 个空格作为一个缩进量；而如果使用 Tab 键，则按一次 Tab 键作为一个缩进量。通常情况下建议采用空格键进行缩进。

代码缩进量的不同会导致代码含义的改变，Python 要求同一个代码块中的代码保持相同的缩进量。代码中不能出现不规范的缩进，否则运行时会产生错误。

正确的代码缩进，示例如下：

```
if True:
    print("True")
else:
    print("False")
```

错误的代码缩进，示例如下：

```
if True:
    print("True")
    else:
    print("False")
```

以上最后一行代码的缩进不符合规范，程序在运行后会出现错误提示：

```
File <string>:3
    else:
^
IndentationError: unindent does not match any outer indentation level
```

一般情况下，Python 的每行代码不超过 79 个字符，如果代码过长则应该换行。

1.3.2 标识符和变量

1. 标识符

在 Python 中，开发人员使用一些符号或名称作为程序中同一个数据或同一类信息的标识，这些符号或名称就是标识符。标识符是用来命名变量、函数、类、模块或其他对象的名称。那么在 Python 中，标识符要遵守一定的命名规则。

（1）内容规则：标识符由字母、下划线和数字组成，且不能以数字开头。

（2）大小写敏感：Python 中的标识符是区分大小写的。例如，num 和 Num 是不同的标识符。

（3）不可使用关键字：Python 中的标识符不能使用关键字。

另外，在 Python 中，标识符可以有变量名、类名和方法名。不同的标识符，有一些不同的命名规范。

2. 变量

变量是指在程序运行中，能储存计算结果或能表示值的抽象概念。程序在运行期间用到的数据会被保存在计算机的内存单元中，为了方便存取内存单元中的数据，Python 使用标识符来标识不同的内存单元，从而建立了标识符与数据的联系。

在 Python 中，每个变量都有自己的名称，这个名称称为变量名；每个变量都有自己要存储的值，这个值或内容叫做变量值。变量的语法格式如下：

```
变量名 = 变量值
```

例如，定义一个变量，用来记录小组的人数。首先将数值 10 赋值给一个叫做 num 的变量名。

```
num = 10
```

接下来，通过 print 语句，输出变量记录的内容，输出的结果为 10。

```
print(num)
```

变量的命名在遵守标识符命名规则的前提下，还有以下命名规范，虽然不是强制性的规则，但约定俗成的命名约定可以使代码更易读和维护：

（1）见名知意：变量的命名要做到简单明了，看到名字就能知道是什么意思。

（2）下划线命名法：当使用多个单词组合变量名的时候，可以使用下划线将它们分隔开（如 first_num）。

（3）英文字母全小写：在命名的时候，如果有英文字母，就全部小写。

知识拓展

在 Python 中，关键字是 Python 已经使用的、不允许开发人员重复定义的标识符。它们具有特定的语法意义，不能用作标识符，如变量名、函数名、类名等。截至 Python 3 的版本，一共有 35 个关键字，见表 1-1，每个关键字都有不同的作用。

表 1-1　Python 的关键字

False	await	else	import	pass
None	break	except	in	raise
True	class	finally	is	return
and	continue	for	lambda	try
as	def	from	nonlocal	while
assert	del	global	not	with
async	elif	if	yield	or

1.3.3 运算符

Python 运算符是一种特殊的符号，用于执行各种类型的运算。根据功能的不同，运算符可以分为算术运算符、比较运算符、赋值运算符、逻辑运算符、位运算符和成员运算符。

1. 算术运算符

Python 算术运算符用于执行常见的数学运算，算术运算符包括 +、-、*、/、//、% 和 **。以操作数 a 为 5、b 为 3 为例，具体操作见表 1-2。

表 1-2　Python 算术运算符及示例

运算符	功能说明	示例	备注
+	加：两个操作数相加，获取操作数的和	a+b，结果为 8	“+” 还可以作为字符串的连接运算符
-	减：两个操作数相减，获取操作数的差	a-b，结果为 2	
*	乘：两个操作数相乘，获取操作数的积	a*b，结果为 15	
/	除：两个操作数相除，获取操作数的商	a / b，结果为 1.6666666666666667	除数不能为 0
//	整除：两个操作数相除，获取操作数商的整数部分	a // b，结果为 1	除数不能为 0
%	取余：两个操作数相除，获取余数	a%b，结果为 2	
**	幂：两个操作数进行幂运算	a**b，结果为 125	

2. 比较运算符

比较运算符也叫关系运算符，用于比较两个操作数，以判断它们之间的关系。Python 中的比较运算符包括 ==、!=、>、<、>=、<=，它们通常用于布尔测试，测试的结果只能是 True 或 False。以变量 a=2、b=3 为例，具体操作见表 1-3。

表 1-3　Python 比较运算符及示例

运算符	功能说明	示例
==	比较两个操作数是否相等，如果相等则条件成立	a == b，返回 False
!=	比较两个操作数是否不相等，如果不相等则条件成立	a != b，返回 True
>	比较左操作数是否大于右操作数，如果大于则条件成立	a > b，返回 False
<	比较左操作数是否小于右操作数，如果小于则条件成立	a < b，返回 True
>=	比较左操作数是否大于或等于右操作数，如果大于或等于则条件成立	a >= b，返回 False
<=	比较左操作数是否小于或等于右操作数，如果小于或等于则条件成立	a <= b，返回 True

3. 赋值运算符

赋值运算符的作用是将右侧的值赋给左侧的变量，赋值运算符允许同时为多个变量赋值。在 Python 中，算术运算符可以与赋值运算符组成复合赋值运算符，赋值运算符同时具备运算和赋值两项功能。以变量 num 为例，Python 复合赋值运算符的应用见表 1-4。

表 1-4　Python 复合赋值运算符及示例

运算符	功能说明	示例
=	简单的赋值运算符	num = 3
+=	加法赋值运算符	num += 3 等同于 num=num+3

续表

运算符	功能说明	示例
-=	减法赋值运算符	num-= 3 等同于 num=num-3
*=	乘法赋值运算符	num *= 3 等同于 num=num*3
/=	除法赋值运算符	num /= 3 等同于 num=num/3
//=	整除赋值运算符	num //= 3 等同于 num=num//3
%=	取余赋值运算符	num %= 3 等同于 num=num%3
**=	幂赋值运算符	num **= 3 等同于 num=num**3

4. 逻辑运算符

Python 中的逻辑运算符是编写条件语句、进行循环控制等操作的基础，一般使用“or”“and”“not”这三个关键字作为逻辑运算符。以 a=10、b=20 为例，具体操作见表 1-5。

表 1-5　Python 逻辑运算符及示例

运算符	逻辑表达式	功能说明	示例
and	a and b	如果 a 为 False，则 a and b 返回 a 的值，否则返回 b 的值	a and b 返回 20
or	a or b	如果 a 为 True，则 a or b 返回 a 的值，否则返回 b 的值	a or b 返回 10
not	not a	如果 a 为 True，则 not a 返回 False；如果 a 为 False，则 not a 返回 True	not (a and b) 返回 False

5. 位运算符

位运算符是将十进制按照二进制进行逻辑运算，在这里操作数必须为整数，且返回的结果仍以十进制表示。以十进制 a=60、b=13 为例，它们的十进制和二进制对应结果见表 1-6。

表 1-6　进制转换

十进制	二进制
60	00111100
13	00001101

现在对它们进行位运算符功能演示，具体操作见表 1-7。

表 1-7　Python 位运算符及示例

运算符	功能说明	示例
<<	按位左移：将二进制操作数所有位左移，高位丢弃，低位补 0	a << 2，结果为 240，二进制解释：11110000

续表

运算符	功能说明	示例
>>	按位右移：将二进制操作数所有位右移，低位丢弃，高位补 0	a >> 2，结果为 15，二进制解释：00001111
&	按位与计算：对应的两个二进制位均为 1 时，结果位就是 1，否则为 0	a & b，结果为 12，二进制解释：00001100
|	按位或计算：对应的两个二进制位有一个为 1 时，结果位就是 1	a | b，结果为 61，二进制解释：00111101
^	按位异或计算：表示当两个二进制位有一个为 1，且另一个为 0 时，结果位为 1	a ^ b，结果为 49，二进制解释：00110001
~	按位取反：二进制的每一位进行取反（首先获得操作数二进制的补码，补码含符号位，然后对补码进行取反，再将取反结果转换成原码）	~a，结果为 -61，二进制解释：-00111101

6. 成员运算符

成员运算符用于测试数据是否存在于序列中，它包含 in 和 not in 两个运算符。in 表示如果指定的元素在序列中则返回 True，否则返回 False；not in 表示如果指定的元素不在序列中则返回 True，否则返回 False。

7. 运算符优先级

运算符的优先级是指在多个逻辑运算符的算式中，计算的先后顺序如何设置。在 Python 中，支持使用多个不同的运算符连接简单表达式。为了避免含有多个运算符的表达式出现歧义，Python 也为每种运算符都设定了优先级。Python 中运算符的优先级从高到低见表 1-8。

表 1-8　Python 中运算符的优先级（从高到低排序）

运算符	描述
**	幂（最高优先级）
*、/、%、//	乘、除、取余和整除
+、-	加法、减法
>>、<<	按位右移、按位左移
&	按位与
^、|	按位异或、按位或
==、!=、>=、>、<=、<	比较运算符
in、not in	成员运算符
not、and、or	逻辑运算符
=	赋值运算符

任务 1.4　基本数据类型

知识梳理

Python 支持多种数据类型，包括字符串、数字和一些相对复杂的组合数据类型，如列表、元组、集合、字典等。本节将介绍一些基本的数据类型。

1.4.1 字符串

1. 定义字符串

字符串是由字母、符号或数字组成的字符序列。在 Python 中，字符串通常用“string”表示，支持使用单引号、双引号和三引号定义字符串，其中单引号和双引号通常用于定义单行字符串，三引号通常用于定义多行字符串。例如：

```
print('Hello World')
print("Hello World")
print("""Hello
World""")
```

以上代码的运行结果是：

```
Hello World
Hello World
Hello
World
```

知识拓展

在 Python 中，有些需要定义的字符串本身的内容中就含有引号，这种情况下，为了和字符串的定义格式进行区分，需要使用不同的引号来定义字符串：如果内容中包含双引号，就使用单引号定义法定义；如果内容中包含单引号，就使用双引号定义法定义。也可以使用转义字符“\”，放在内容中的引号前面，将引号转义成一个普通的字符。例如，定义一个字符串“let’s go”，可以有如下方法：

```
print('let\'s go')
print("let's go")
```

2. 字符串的查找和替换

查找和替换是实现网络上文本过滤的基本操作。Python 中内置了很多字符串方法来对字符串进行相关操作。下面我们来看下如何查找和替换字符串。

（1）字符串的查找。

Python 中提供了实现字符串查找操作的 find() 方法，用该方法可查找字符串中是否包含子串，若包含则返回子串首次出现的位置，否则返回 –1。

```
name = "Hello World"
word = "o"
result=name.find(word)
print(result)
```

输出的结果是“4”，因为这里查找的“o”首次出现在“Hello World”中索引为 4 的位置。注意，在 Python 中，索引位置是从 0 开始计算的。

（2）字符串的替换。

Python 中提供了实现字符串替换操作的 replace() 方法，该方法可以将字符串中指定的子串替换为新的子串，并返回替换后的新字符串。

```
name = "Hello World"
    new_name = name.replace("World", "Python")
    print(new_name)
```

输出的结果是“Hello Python”，这里“World”是旧子串，“Python”是新子串。

3. 字符串的大小写转换

在针对字符串的操作中，还有一个比较常见的操作就是修改单词的大小写。Python 中支持字母大小写转换的方法有 upper()、lower() 和 title() 等。其中，upper() 表示将字符串中的小写字母全部转换成大写字母，lower() 表示将字符串中的大写字母全部转换成小写字母，title() 表示将字符串中的每个单词的第一个字母转换成大写字母。

```
name = "Hello World"
print(name.upper())
print(name.lower())
print(name.title())
```

输出的结果如下所示：

```
HELLO WORLD
hello world
Hello World
```

1.4.2 数字

Python 中的数字分为整型、浮点型、复数类型和布尔类型。

1. 整型

整型通常用“int”表示，它对应的就是数学中的整数，如 0、1、2、3、–1 等数。Python 3 中整型数字长度没有限制，只与计算机内存大小相关。整型共有四种计数方式，分别是二进制、八进制、十进制和十六进制。几种进制的表现形式见表 1-9。

表 1-9 Python 整型进制的表现形式

进制类型	前置符号
十进制	无
二进制	0b 或 0B
八进制	0o 或 0O
十六进制	0x 或 0X

Python 中内置了一些函数，用于进制之间的转换。它们分别是：bin() 用于将数字转换成二进制，oct() 用于将数字转换成八进制，int() 用于将数字转换成十进制，hex() 用于将数字转换成十六进制。大家可以以十进制数字“27”为例，将它转换成不同的进制数值。

```
num = 27
print(bin(num))
print(oct(num))
print(hex(num))
```

以上代码的运行结果是：

```
0b11011
0o33
0x1b
```

2. 浮点型

浮点型通常用“float”表示，它对应的是数学中的小数，由整数部分、小数点、小数部分组成。Python 中的浮点型数字一般用十进制表示，如 –2.1、3.14 等。浮点型数字最长可以输入 16 个数字，较大或较小的浮点型数字可以用科学记数法表示。Python 使用字母 e 或 E 代表底数 10，如 3.14e2 表示 314，3.14e–2 表示 0.0314。

3. 复数类型

复数类型通常用“complex”表示，它由实部（real）和虚部（imag）组成，j 为虚部的单位。复数类型中的实数部分和虚数部分的数值都是浮点型。

```
complex_num = 2+5j
print(complex_num.real)
print(complex_num.imag)
```

以上代码的运行结果是：

```
2.0
5.0
```

4. 布尔类型

布尔类型通常用 bool 表示，它是 Python 中用于表示真或假的一种数字类型，其中，True 对应的整数是 1，False 对应的整数是 0，所以它也是一种特殊的整型。Python 中可以使用 bool() 函数检测数据的布尔值。一般常见的布尔值为 False 的数据有：None，False，含 0 的数字类型，任何空序列、空字典。

知识拓展

Python 中内置了一系列可转换数字类型的函数，具体见表 1-10，其中浮点型数字转换成整型数字时只保留整数部分。

表 1-10 Python 数字类型转换函数及功能说明

函数	说明
int(x)	将 x 转换成一个整型数字
float(x)	将 x 转换成一个浮点型数字
complex(x)	将 x 转换成复数类型数字

1.4.3 其他数据类型

在 Python 中还有一些组合数据类型，它们分别是列表、元组、集合和字典。

1. 列表

列表由多个有序的元素组成，它可以保留任意类型的元素，且可以被修改。Python 列表的创建方式非常简单，既可以直接使用中括号“[]”创建，也可以使用内置的 list() 函数快速创建，列表中的元素以逗号分隔开。

```
["Hello", "World", 1, 2, 1]
```

2. 元组

元组也是由多个有序的元素组成的，它可以保留任意类型的元素，但是不可以被修改。Python 中使用圆括号“( )”创建元组，元组中的元素以逗号分隔开。

```
("Hello", "World", 1, 2, 1)
```

3. 集合

集合和列表、元组类似，它也可以保留任意类型的元素，但是与列表和元组不同的是，集合中的元素无序且唯一。Python 中使用大括号“{}”创建集合，集合中的元素也以逗号分隔开。

```
{"Hello", "World", 1, 2}
```

4. 字典

字典是 Python 语言中唯一的映射类型，字典中的元素是“键（key）: 值（value）”形式的键值对，键必须是唯一的，但是值不需要唯一。字典中的值可以是任意数据类型。Python 中使用大括号“{}”创建字典，字典中的元素也以逗号分隔开。

```
{"name" : "zhangsan", "age" : 16}
```

知识拓展

在 Python 中，可以使用 type 函数查看变量所保存数据的类型。

```
one = ["Hello", "World", 1, 2, 1]
two = ("Hello", "World", 1, 2, 1)
three = {"Hello", "World", 1, 2}
four = {"name": "zhangsan", "age" : 16}
print(type(one))
print(type(two))
print(type(three))
print(type(four))
```

以上代码的运行结果是：

```
<class 'list'>
<class 'tuple'>
<class 'set'>
<class 'dict'>
```

任务 1.5　基本输入和输出

知识梳理

程序要实现人机交互功能，需要从输入设备接收用户输入的数据，也需要向显示设备输出数据。Python 提供了 input() 函数和 print() 函数分别实现信息的输入和输出。

1.5.1 变量的输入

在 Python 中，使用 input() 函数用于接收用户键盘输入的数据，该函数将所有输入默认为字符串进行处理，并返回字符串类型。

input() 函数是输入函数，是实现人机交互的重要函数。例如，有时计算机会问我们一个问题，需要我们做出回答，从而进行下一步的判断，这时我们就需要用到 input() 函数。代码运行过程中，用户根据运行区的提示输入相关的数据，然后按“Enter”键，数据就会传到代码中，系统会根据输入的数据做下一步的判断。例如：

```
id = input("请输入你的学号:")
print(id)
```

以上代码的运行结果为：

```
请输入你的学号:20240102
20240102
```

因为 input() 函数默认返回的是字符串类型，所以当我们需要输入其他类型的数据时，需要对 input() 函数结果做强制转换。输入的数据如果是一个整数型，就需要在 input() 函数前面加上 int()；如果是一个浮点型，就需要在 input() 函数前面加上 float()。

```
score_1 = float(input("请输入你的第一轮比分:"))
score_2 = float(input("请输入你的第二轮比分:"))
score = score_1+score_2
print("你的最终得分为:", score)
```

1.5.2 变量的输出

在 Python 中，使用 print() 函数作为输出语句，用以输出信息到控制台。它有以下几种常见的应用方式：

1. 输出文本信息

```
print ("Hello World")
```

以上代码的运行结果是：

```
Hello World
```

2. 输出变量的值

```
name = "Zhangsan"
print ("Hello", name)
```

以上代码的运行结果是：

```
Hello  Zhangsan
```

3. 输出多个值

print() 函数括号内的内容可以放多个值，且在输出的值之间会自动添加空格。

```
print("Hello!", "Zhangsan", "and", "Lisi.")
```

以上代码的运行结果是：

```
Hello!  Zhangsan and Lisi.
```

4. 输出表达式

```
print(100+200)
```

以上代码的运行结果是：

```
300
```

5. 分隔符的使用

在 print() 函数中，使用 sep 设置分隔符，默认情况下使用空格作为分隔符。

```
print ("我爱你", "Python", "加油", sep = '!')
```

以上代码的运行结果是：

```
我爱你! Python! 加油
```

6. 结束字符的使用

在 print() 函数中，使用 end 设定输出以什么结尾，默认值为换行符“\n”，不换行可使用“end = ''”实现。

```
print ("Hello", end='' )
print ("World", end='\n' )
print ("Hello World", end='!\n' )
```

以上代码的运行结果是：

```
HelloWorld
Hello World!
```

7. 格式化输出

在 Python 中，可以通过格式化操作将对应的数据格式化为想要的格式。格式化输出有一种较为简单的方法，就是使用 f-string 格式化字符串。

```
name = "Zhangsan"
age = 18
print(f "我的名字叫 {name}, 我今年 {age} 岁了。")
```

以上代码的运行结果是：

```
我的名字叫 Zhangsan，我今年 18 岁了。
```

1.5.3 典型案例：温度转换

绝对温标又称开氏温标、热力学温标，是热力学和统计物理中的重要参数之一。绝对温标的单位为开尔文（简称开，符号为 K）。绝对温标的零度对应摄氏温度（单位为摄氏度，简称度，符号为℃）的 –273.15℃。

本实例要求编写代码，实现将用户输入的摄氏温度转换为以绝对温标标识的开氏温度的功能（K = ℃ + 273.15）。

```
celsius=float(input("请输入摄氏温度："))
kelvin=celsius+273.15
print(f"{celsius} 对应的绝对温标是 {kelvin}。")
```

以上代码的运行结果是：

```
请输入摄氏温度：37
37.0 对应的绝对温标是 310.15。
```

项目小结

本项目主要介绍了 Python 开发环境的搭建、如何下载 Python 程序和安装 PyCharm 开发工具；介绍了 Python 中常见的语法特点，包括注释、缩进、变量名命名规则等；详细介绍了 Python 的基本数据类型，如字符串、数字；全面介绍了 Python 的组合数据类型；通过实例演示，帮助读者更好地掌握相关知识。通过本项目的学习，读者能够熟练掌握 Python 的基础知识，并能够应用到实际开发中。

课后习题

一、单项选择题

1. 下列选项中，不是 Python 语言特点的是（　　）。
   A. 简洁精练　　B. 简单易学　　C. 面向过程　　D. 可扩展性
2. 下列关于 Python 的说法中，错误的是（　　）。
   A. Python 是从 ABC 发展起来的　　B. Python 是一门高级计算机语言
   C. Python 只能编写面向对象的程序　　D. Python 程序的效率比 C 程序的效率低
3. float() 函数用于将数据转换为（　　）数据。
   A. 整型　　B. 浮点型　　C. 复数类型　　D. 布尔类型
4. Python 中使用（　　）符号表示单行注释。
   A. #　　B. /　　C. //　　D. <!-- -->
5. 下列选项中，属于 Python 关键字的是（　　）。
   A. name　　B. true　　C. and　　D. none
6. 【Python 二级真题】运行下列 Python 程序，输出结果为 0，则空白处应为（　　）。
   a=14 b=7
   c=________
   print(c)
   A. a–b　　B. a+b　　C. a/b　　D. a%b

7.【Python 二级真题】以下选项中不符合 Python 语言变量命名规则的是（　　）。

A. I　　B. 3_1　　C. _AI　　D. TempStr

8.【Python 二级真题】以下关于 Python 字符串的描述中，错误的是（　　）。

A. 字符串是字符的序列，可以按照单个字符或字符片段进行索引

B. 字符串包括两种序号体系：正向递增和反向递减

C. Python 字符串提供区间访问方式，采用 [N:M] 格式，表示字符串中从 N 到 M 的索引子字符串（包含 N 和 M）

D. 字符串是用一对双引号 " " 或者单引号 ' ' 括起来的零个或者多个字符

9.【Python 二级真题】关于 Python 语言的注释，以下选项中描述错误的是（　　）。

A. Python 语言的单行注释以 # 开头

B. Python 语言的单行注释以单引号 ' 开头

C. Python 语言的多行注释以 '''（三个单引号）开头和结尾

D. Python 语言有两种注释方式：单行注释和多行注释

10.【Python 二级真题】以下选项中，不是 Python 语言的保留字的是（　　）。

A.except　　B.do　　C.pass　　D.while

二、编程题

1. 编写程序，要求程序能根据用户输入的数据计算圆的面积（圆的面积公式：$S=\pi r^2$，π 的取值为 3.14），并分别输出圆的直径和面积。

2. 根据输入的正整数 n，以财务数据形式输出一个宽度为 20 的字符，n 右对齐显示，带千位分隔符的效果，使用减号字符“-”填充。如果输入的正整数超过 20 位，则按照真实长度输出。提示代码如下：

```
n = int(input())
________(1)# 可以多行
```

3.【Python 二级真题】参照代码模板完善代码，实现下述功能：输入一个字符串，其中的字符由英文逗号隔开，编程将所有字符连成一个字符串，输出显示在屏幕上。

输入输出示例：

	输入	输出
示例 1	1,2,3,4,5	12345

```
ls= input("请输入一个字符串，由逗号隔开每个字符：").________(1)
print(________________)(2)
```

项目 2

程序控制结构

学习目标

知识目标：

- 理解分支结构的含义和使用场景，掌握分支结构程序设计方法。
- 理解循环结构的含义和使用场景，掌握循环结构程序设计方法。

技能目标：

- 熟悉和掌握基本控制结构。
- 理解控制结构的执行流程。

素养目标：

- 培养逻辑思维和问题解决能力。
- 培养团队协作和沟通能力。

项目描述

程序中的语句默认以自上而下的顺序执行。程序控制结构指的是在程序执行时，通过一些特定的指令更改程序中语句的执行顺序，使程序跳跃、回溯等。在本项目中，我们将学习程序的分支结构和循环结构。分支结构是当由一个或多个条件来决定程序的执行路径时使用，如用户输入正确的用户名和密码，则提示登录成功，否则登录失败。循环结构是在程序中重复执行一段代码，直到满足某个终止条件，如处理大量数据、执行重复任务或进行迭代操作等。本项目将对 Python 中程序控制结构进行详细的讲解。

知识导图

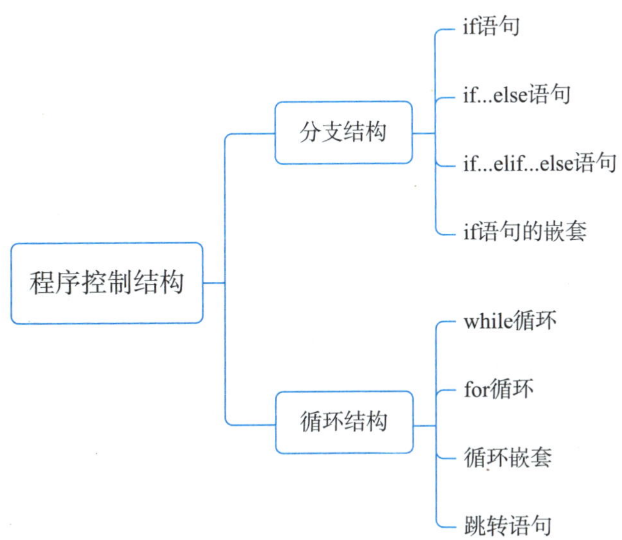

任务 2.1　分支结构

典型案例

了解名著《西游记》前五回的简要情节

本案例首先提示用户输入想要了解的《西游记》的回数；然后根据用户输入的数字，使用 if...elif...else 语句来判断输出某一回的简要情节。如果用户输入的回数不在 1 到 5 之间，那么程序会提示用户重新输入。

```
user_choice = int(input("请输入您想了解的《西游记》前五回中的某一回的编号（1-5）: "))
if user_choice == 1:
    print("第一回：石猴出世，发现花果山水帘洞，被众猴拥戴为美猴王。")
elif user_choice == 2:
    print("第二回：拜师学艺，拜菩提祖师为师，习得七十二变等神通，取名孙悟空。")
elif user_choice == 3:
    print("第三回：寻找兵器，到东海龙王处得到如意金箍棒和一身战甲。")
elif user_choice == 4:
    print("第四回：上天宫做官，孙悟空被召上天庭，因不满官职小，一闹天宫。")
elif user_choice == 5:
    print("第五回：管理蟠桃园，偷吃蟠桃，搅乱蟠桃盛会，大闹天宫。")
else:
    print("输入的回数不在 1 到 5 之间，请重新输入。")
```

案例说明

（1）利用一组 if...elif...else 语句判断输出《西游记》某一回的简要情节。

（2）if...elif...else 语句结构是通过缩进来判断语句归属的，同时注意 if、elif 和 else 子句的最后都有一个冒号（:）。

知识梳理

在生活中，我们总是要做出许多选择，程序也一样。如上述案例中，我们想要了解名著《西游记》回数，需要输入一个数字，程序先根据用户输入的数字进行判断，然后输出相应回数的简要情节，这就是程序中的分支结构，也称选择语句或条件语句，即按照条件执行不同的代码片段。Python 中条件语句主要有三种形式，分别为 if 语句、if...else 语句和 if...elif...else 多分支语句。

2.1.1 if 语句

if 语句是最简单的条件判断语句，它由三部分组成，分别是 if 关键字、条件表达式以及语句块。if 语句根据条件表达式的结果选择是否执行相应的语句块。其语法格式如下所示，其中条件表达式后面的冒号（:）不可缺少，语句块前面必须有缩进，一般是以 4 个空格为缩进单位。

```
if 条件表达式 :
    语句块
```

说明： 条件表达式既可以是一个单纯的布尔值或变量，也可以是比较表达式或逻辑表达式。若条件表达式的值为真，则执行语句块；如果条件表达式的值为假，则跳出语句块，继续执行后面的代码。

if 语句执行流程如图 2-1 所示。

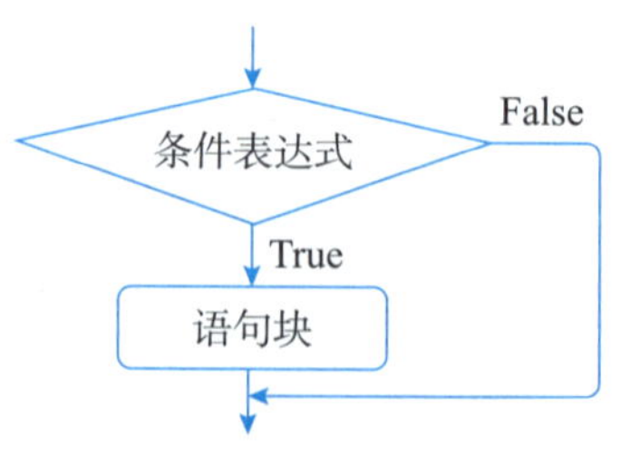

图 2-1　if 语句执行流程

例如，使用 if 语句判断是否为饮酒后驾驶，代码如下：

```
alcohol = float(input("请输入您的血液酒精浓度（mg/100mL）: "))
if alcohol >= 20:              # 如果血液中酒精含量大于或等于 20mg/100mL，为饮酒后驾驶
    print("饮酒后驾驶")
```

上述代码首先通过 input() 函数获取用户输入的酒精浓度值，然后使用 if 语句进行判断，如果酒精浓度大于或等于 20mg/100mL，则输出“饮酒后驾驶”。

2.1.2 if...else 语句

if...else 是双分支选择结构，用于处理单个条件、两个分支的情况。在 Python 中，双分支选择结构可以用 if...else 语句来实现，其语法格式为：

```
if 条件表达式:
    语句块 1
else:
    语句块 2
```

说明： 当条件表达式的值为 True 时，执行语句块 1，否则执行语句块 2。语句块 1 或语句块 2 总有一个会先执行，然后再执行后面的代码。

if...else 语句执行流程如图 2-2 所示。

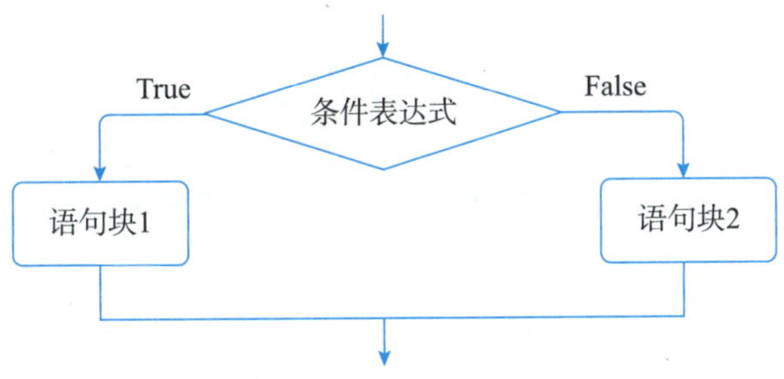

图 2-2　if...else 语句执行流程

例如，使用 if...else 语句判断是否为饮酒后驾驶，代码如下：

```
alcohol = float(input("请输入您的血液酒精浓度（mg/100mL）: "))
if alcohol >= 20: # 根据酒精含量判断是否为饮酒后驾驶或醉酒驾驶，并输出结果
    print("饮酒后驾驶")
else:
    print("正常驾驶")
```

上述代码使用 if...else 语句直接进行判断。如果酒精浓度大于或等于 20mg/100mL，则输出“饮酒后驾驶”；否则，输出“正常驾驶”。

另外，Python 还提供了一个三元运算符，可以实现双分支结构。当条件表达式的值为真时，执行前面的语句块 1，否则执行后面的语句块 2，语法如下：

```
语句块 1  if 条件表达式  else  语句块 2
```

上述是否涉及饮酒后驾驶问题，用该三元运算符实现代码如下：

```
alcohol = float(input("请输入您的血液酒精浓度（mg/100mL）: "))
print("饮酒后驾驶 ")  if alcohol >= 20  else  print("正常驾驶")
```

《车辆驾驶人员血液、呼气酒精含量阈值与检验》(GB 19522—2024)规定了车辆驾驶人员驾车时血液、呼气中的酒精含量阈值和检验方法，其中规定车辆驾驶人员血液酒精含量大于或等于20mg/100mL、小于80mg/100mL的驾驶行为为饮酒后驾车，酒精含量大于或等于80 mg/100mL的驾驶行为为醉酒驾车。从人体血液中的酒精浓度变化来看，正常人喝一杯200mL的啤酒后，酒精浓度即可达到20mg/100mL的饮酒后驾驶标准。因此，我们要牢记：喝酒不开车，开车不喝酒。

双分支选择结构

2.1.3 if...elif...else语句

多分支选择结构用于处理多个条件、多个分支的情况，可以使用if...elif...else语句来实现。其语法格式如下：

```
if 条件表达式 1:
    语句块 1
elif 条件表达式 2:
    语句块 2
elif 条件表达式 3:
    语句块 3
...
else:
    语句块 n
```

说明：首先判断语句中的第一个条件表达式，如果其值为True，则执行语句块1，整个选择结构结束；否则再判断条件表达式2，如果其值为True，则执行语句块2，整个选择结构结束；否则继续往下判断条件，如果所有条件都不满足，则执行语句块*n*。注意：多分支选择结构只会选择一个分支的语句块执行。

多分支选择结构语句执行流程如图2-3所示。

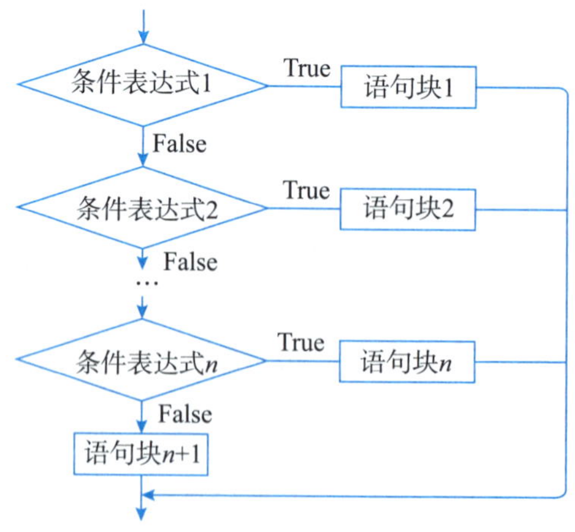

图2-3 多分支选择结构语句执行流程

例如，使用多分支语句判断是醉酒驾驶、饮酒后驾驶还是正常驾驶，代码如下：

```
alcohol = float(input("请输入您的血液酒精浓度（mg/100mL）: "))
if alcohol >= 80:  # 根据酒精含量判断是否为饮酒后驾驶或醉酒驾驶，并输出结果
    print("醉酒驾驶")
elif alcohol >= 20:
    print("饮酒后驾驶")
else:
    print("正常驾驶")
```

上述代码使用 if...elif...else 语句进行判断：如果酒精浓度大于或等于 80mg/100mL，则输出“醉酒驾驶”；如果酒精浓度低于 80mg/100mL 但高于或等于 20mg/100mL，即在 [20mg/100mL，80mg/100mL）区间内，则输出“饮酒后驾驶”；否则，酒精浓度低于 20mg/100mL，则输出“正常驾驶”。

微课视频

多分支选择结构

2.1.4 if 语句的嵌套

选择结构可以进行嵌套，可以在单分支、双分支、多分支语句中再嵌套单分支、双分支或多分支语句，因此嵌套结构很灵活。下面给出一种在双分支语句中嵌套单分支语句的语法格式：

```
if 条件表达式 1:
    语句块 1
    if 条件表达式 2:
        语句块 2
else:
        语句块 3
```

说明： 首先判断外层双分支语句中的条件表达式 1，如果表达式 1 的值为 True，则执行语句块 1 和内部的单分支选择结构，否则执行外部的 else 语句。注意，在嵌套的选择结构中，外部选择结构中的关键字 if、elif、else 需要对齐，内部的 if、elif、else 需要对齐，内部关键字相对于外部关键字而言需要缩进。

例如，使用 if 嵌套语句判断是醉酒驾驶、饮酒后驾驶还是正常驾驶，代码如下：

```
alcohol = float(input("请输入您的血液酒精浓度（mg/100mL）: "))
if alcohol < 20:  # 根据酒精含量判断是否为饮酒后驾驶或醉酒驾驶，并输出结果
    print("正常驾驶 ")
else:
    if alcohol < 80:
        print("饮酒后驾驶 ")
    else:
        print("醉酒驾驶 ")
```

微课视频

嵌套选择结构

上述代码使用 if 语句的嵌套判断是否为饮酒后驾驶。

任务 2.2　循环结构

典型案例

遍历名著《西游记》前五回的简要情节

本案例使用循环结构来遍历《西游记》中的故事情节，首先创建一个包含前五回故事情节的列表，然后使用 for 循环或 while 循环来遍历这个列表，并打印每一回的故事情节。

```
01  chapters = [
02      "第一回：石猴出世，发现花果山水帘洞，被众猴拥戴为美猴王。",
03      "第二回：拜师学艺，拜菩提祖师为师，习得七十二变，取名孙悟空。",
04      "第三回：寻找兵器，到东海龙王处得到如意金箍棒和一身战甲。",
05      "第四回：上天宫做官，被召上天庭，因不满官职小，一闹天宫。",
06      "第五回：管理蟠桃园，偷吃蟠桃，搅乱蟠桃盛会，大闹天宫。"]
07  # 使用 for 循环来遍历故事情节列表，并打印每个故事
08  for i in range(len(chapters)):
09  print(chapters[i])

10  # 使用 while 循环来遍历故事情节列表，并打印每个故事
11  i = 0
12  while i < len(chapters):
13      print(chapters[i])
14      i += 1
```

案例说明

（1）本案例第 7～9 行代码通过 for 循环语句来展示《西游记》前五回的简要情节，使用 range 函数控制回数。

（2）本案例第 10～14 行代码通过 while 循环语句来展示《西游记》前五回的简要情节，功能与第 7～9 行代码相同。首先定义循环变量 i 并赋值为 0，然后每执行一次 while 循环，i 计数加 1，用来控制循环次数，以免进入死循环。

知识梳理

上述案例使用了 for 循环和 while 循环，这两种循环可以解决生活中需要反复做同一件事的情况，如上述案例遍历《西游记》中的简要情节。类似这种反复做同一件事的情况，称为循环。Python 常用的循环包括 while 循环和 for 循环。

微课视频

猜数游戏

2.2.1 while 循环

while 循环是指在满足一定条件下重复执行一个语句块，其语法格式如下（其中 else 子句可以省略）：

```
while 条件表达式 :
    语句块 1
else:
    语句块 2
```

while 是 Python 中的关键字，条件表达式又称为循环条件，通常为关系表达式或逻辑表达式，也可以是任意类型的常量值。while 语句后面的冒号不可缺少。程序会反复判断条件表达式的值，只要值为 True 就会执行一次语句块 1，语句块 1 又称为循环体。循环体执行完一次后会再次判断条件表达式的值，只有条件表达式的值为 False，循环才会结束，否则会周而复始地先判断再执行。while 循环流程图如图 2-4 所示。

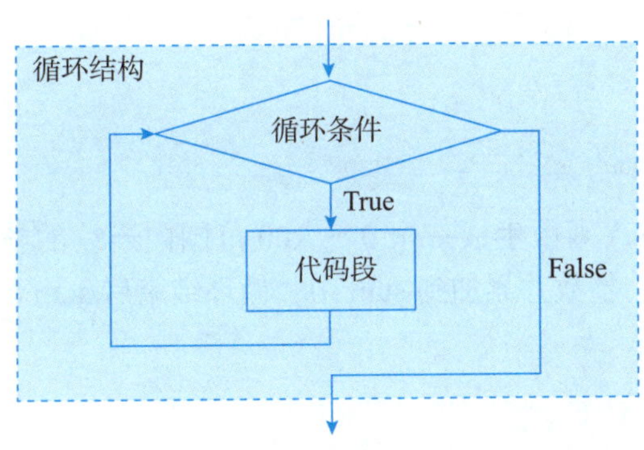

图 2-4　while 循环流程图

在 Python 中，允许在循环语句中使用可选的 elsc 子句。else 子句中的代码块将在循环正常结束的情况下执行。如果循环是通过 break 语句中断结束的，则不会执行 else 子句中的语句块。

注意： 在 while 语句中，如果条件表达式的值恒为 True，循环将无限地执行下去，这种情况称为死循环。死循环的程序不会停止，直至耗尽机器资源为止。死循环在程序设计时要避免，因此在 while 循环体内必须包含能修改条件表达式值的语句，该值在某个时刻使得循环条件的值为 False，从而正常结束循环。

例如，使用 while 循环计算 1+2+...+100 的值，代码如下：

```
i = 1
sum = 0
while i <= 100:
    sum += i
    i += 1
print("1+2+...+100 = ", sum)
```

上述代码通过判断循环变量 i 的值来控制循环次数，循环体中每次累加循环变量 i 的值，并对循环变量 i 的值进行更改，从而可以确保循环只能执行 100 次就结束。

2.2.2 for 循环

在 Python 中，for 循环经常用于遍历一个序列。for 循环的语法格式如下（其中 else 子句可以省略）：

```
for 循环变量 in 序列或可迭代对象 :
    语句块 1
else:
    语句块 2
```

在 Python 中，for 循环必须搭配 in 关键字一起使用，有时又称为“for-in”循环。“for-in”循环用来遍历整个序列。循环变量不需要提前初始化，每次循环会从序列中取出一个元素值给该循环变量，因此序列中元素的个数决定了循环的次数。语句块 1 是循环体。如果 for-in 循环正常结束即不是通过 break 结束的，则会执行 else 子句中的代码块 2。

例如，使用 for-in 循环完成 1+2+...+100 的计算，代码如下：

```
sum = 0
for i in range(101):
    sum += i
print("1+2+...+100 = ", sum)
```

上述代码通过 range() 函数生成一个 0 ～ 100 范围内连续的整数序列，通过 for-in 循环每次从序列中拿出一个整数并累加到 sum 中，循环结束后 sum 的值就是从 1 累加到 100 的结果。

知识拓展

有时使用“for-in”循环不是为了遍历序列的值而仅仅是为了执行 *n* 遍循环体，那么使用 range() 函数可以很容易控制循环次数。range() 函数用于生成一个整数序列，它有三种形式，分别为带 1 个参数、2 个参数和 3 个参数的形式。

（1）range(n)：带 1 个参数的 range() 函数，会生成一个从 0 到 *n*-1 范围内连续的整数序列。例如，range(10) 生成的整数序列为 0,1,2,3,4,5,6,7,8,9。

又如，使用“for-in”循环输出 5 行“Hello World!”，代码可以这样写：

```
for i in range(5):
    print("Hello World ! ")
```

（2）range(m, n)：带 2 个参数的 range() 函数，生成一个从 *m* 到 *n*-1 范围内连续的整数序列。例如，range(10, 16) 生成的整数序列为 10,11,12,13,14,15。

（3）range(m, n, step)：带 3 个参数的 range() 函数，是从 *m* 开始生成整数序列，但是该序列不是连续值，而是按步长 step 间隔来生成后面的整数。例如，range(1, 10, 2) 生成的整数序列是 1,3,5,7,9。

2.2.3 循环嵌套

在一个循环结构中可以嵌套另一个循环结构，由此形成嵌套的循环结构，也称为多重循环。多重循环结构由外层循环和内层循环组成，当外层循环进入下一轮循环时，内层循环将重新初始化并开始执行。如果在多重循环结构中使用 break 和 continue 语句，那么这些语句仅作用于其所在层的循环。

使用多重循环结构时，嵌套的深度不限，但是需要特别注意代码的缩进问题，内层循环相对于外层循环要有一定的缩进。

例如：使用多重循环打印九九乘法表。

```
for i in range(1,10):
    for j in range(1, i+1):
        print(f"{j}×{i}={i*j:<3}", end='')
        print()
```

九九乘法表有 9 行 9 列，使用外层循环控制行数从 1 到 9，使用内层循环控制每行的列数从 1 到 *i*，内部循环表示打印乘法表内的一行，只有一行打印完才能换行。上述代码的运行结果为：

```
1×1=1
1×2=2  2×2=4
1×3=3  2×3=6   3×3=9
1×4=4  2×4=8   3×4=12  4×4=16
1×5=5  2×5=10  3×5=15  4×5=20  5×5=25
1×6=6  2×6=12  3×6=18  4×6=24  5×6=30  6×6=36
1×7=7  2×7=14  3×7=21  4×7=28  5×7=35  6×7=42  7×7=49
1×8=8  2×8=16  3×8=24  4×8=32  5×8=40  6×8=48  7×8=56  8×8=64
1×9=9  2×9=18  3×9=27  4×9=36  5×9=45  6×9=54  7×9=63  8×9=72  9×9=81
```

2.2.4 跳转语句

1. break 语句

break 语句用在 while 和 for 循环中，用来终止当前循环的执行。break 常与 if 语句一起用，即满足一定条件时可使用 break 语句结束当前 break 所在的循环。注意：通过 break 结束的循环即使有 else 子句也不会执行。

例如：循环遍历打印字符串“python”中的每个字母，遇到字母 h 则结束循环。

```
for letter in "python":
    print(letter)
    if letter == 'h':
        break
```

运行结果：

```
p
y
t
h
```

2. continue 语句

continue 语句用于跳过本次循环而进入下次循环，通常也与 if 语句一起使用。

例如：循环遍历打印字符串“python”中的每个字母，遇到字母 h 则跳过。

```
for letter in "python":
    if letter == 'h':
        continue
    print(letter)
```

运行结果：

```
p
y
t
o
n
```

注意：break 和 continue 的区别是经常出现的考点。

3. pass 空语句

在 Python 代码中，pass 关键字起占位的作用。当你在编写代码时，可能还没有想好某个代码块的具体实现内容，但又需要一个完整的代码结构，这时就可以使用 pass 来占位。例如，在条件判断语句或循环结构中，如果某个分支或循环体暂时不需要具体的操作，那么可以使用 pass。例如：

```
for i in range(10):
    if i % 2 == 0:
        print(i)
    else:
        pass
```

知识拓展

机器学习是一门多领域交叉学科，涉及概率论、统计学、逼近论、凸分析、算法复杂度理论等多门学科。它专门研究计算机怎样模拟或实现人类的学习行为，以获取新的知识或技能，重新组织已有的知识结构使之不断改善自身的性能。

1. 基本概念与分类

（1）监督学习是最常见的机器学习类型。在这种学习方式中，模型通过给定的输入数据（通常称为特征）和对应的输出标签进行学习。例如，在一个房价预测任务中，输入数据是房屋的面积、房间数量、房龄等特征，输出标签是房屋的实际价格。模型的目标是学习一个从输入特征到输出标签的映射关系。常见的监督学习算法包括线性回归、逻辑回归、决策树、支持向量机和神经网络（深度学习中的神经网络也属于监督学习的一种，不过深度学习更强调模型的深度和复杂的架构）。

根据输出标签的类型，监督学习又可以细分为回归任务和分类任务。回归任务的输出是连续的数值，如预测股票价格、气温等；分类任务的输出是离散的类别，如判断一封邮件是垃圾邮件还是正常邮件，或者识别一张图片是猫还是狗。

（2）无监督学习是在没有给定明确的输出标签的情况下，让模型从输入数据中自动发现模式和结构。例如，聚类算法是一种典型的无监督学习方法，它可以将数据集中相似的数据点划分到同一个簇中。例如，在客户细分中，根据客户的购买行为、年龄、收入等特征，将客户分成不同的群体，每个群体具有相似的特征。另一种无监督学习方法是降维，它的目的是将高维数据转换为低维数据表示，同时尽可能保留原始数据的重要信息。主成分分析是一种常用的降维方法，它可以用于数据可视化或者去除数据中的噪声等。

（3）强化学习是一种智能体（agent）在环境中采取一系列行动，以最大化累积奖励的学习方式。智能体通过观察环境状态，采取行动，然后根据环境反馈的奖励信号来学习最优的行为策略。例如，在机器人控制中，机器人（智能体）在一个房间（环境）中移动，它的目标是找到一个目标物体。当它朝着目标物体移动时，它会得到正向奖励；当它撞到障碍物时，它会得到负向奖励。通过不断地尝试和学习，机器人可以运用最优的移动策略来快速找到目标物体。

2. 机器学习的工作流程

（1）数据收集。数据收集是机器学习的基础。数据可以来自各种渠道，如传感器收集的物理数据、互联网上的文本和图像数据、企业的业务数据等。在收集数据后，用户需要对数据进行预处理，包括数据清洗（去除噪声、删除重复数据等）、特征工程（提取、选择和转换特征）。例如，在文本分类任务中，需要将文本数据转换为计算机能够理解的数值形式，如词袋模型或词向量模型。

（2）模型选择和训练。根据任务类型（监督学习、无监督学习或强化学习）和数据特点选择合适的模型。例如，对于一个简单的线性关系的数据，可能选择线性回归模型；对于复杂的图像分类任务，可能选择卷积神经网络。在选定模型后，需要使用训练数据对模型进行训练。训练过程就是调整模型的参数，使得模型能够更好地拟合训练数据。这通常涉及定义一个损失函数来衡量模型预测值与真实值之间的差异，并使用优化算法（如梯度下降算法）来最小化这个损失函数。

（3）模型评估和部署。在模型训练完成后，需要使用独立的测试数据来评估模型的性能。评估指标根据任务的不同而不同，例如在分类任务中常用的指标有准确率、召回率、F1 - score 等；在回归任务中常用的指标有均方误差（MSE）、平均绝对误差（MAE）等。如果模型性能达到要求，就可以将模型部署到实际应用环境中，如将一个训练好的图像识别模型部署到手机应用中，用于识别照片中的物体。

3. 应用领域

（1）疾病诊断：通过分析患者的医疗数据（如病历、检查报告、影像数据等）来辅助医生诊断疾病。例如，利用机器学习模型对 X 光、CT 等影像进行分析，帮助医生发现肿瘤等病变。

（2）药物研发：可以帮助预测药物的效果和副作用。通过对大量的药物分子结构和临床试验数据进行分析，加速药物研发的进程。

（3）风险评估：评估客户的信用风险，例如银行通过分析客户的收入、资产、信用记录等数据来决定是否给客户发放贷款以及贷款的额度和利率。

（4）投资决策：通过分析市场数据（如股票价格、经济指标等）来预测股价走势和市场趋势，辅助投资者做出投资决策。

（5）交通流量预测：通过分析历史交通数据（如车流量、车速等）来预测未来的交通流量，以便交通管理部门采取相应的交通疏导措施。

（6）自动驾驶：机器学习是自动驾驶技术的核心部分，用于识别道路、车辆、行人等物体，以及做出驾驶决策，如加速、减速、转弯等。

项目小结

本项目主要介绍了 Python 程序的控制结构，包括 if 语句、if 语句的嵌套、循环语句、循环嵌套以及跳转语句，并通过实例演示了每种语句的用法。通过本项目的学习，读者能够掌握 Python 中程序控制的使用，并能够将之应用到实际开发中。

课后习题

一、单项选择题

1.【Python 二级真题】下面语句中，不能用于实现程序控制结构的是（　　）。

A. if　　B. for　　C. while　　D. list

2.【Python 二级真题】在 Python 中，表示跳出循环的关键字是（　　）。

A. continue　　B. break　　C. ESC　　D. Close

3. 下列选项中，（　　）不属于程序的流程控制结构。

A. 顺序结构　　B. 网状结构　　C. 选择结构　　D. 循环结构

4. 下列选项中，（　　）是不正确的选择结构。

A. if...else...　　B. if...elif...　　C. if...else if...　　D. if...elif...else...

5.【Python 二级真题】执行下面的语句后，输出结果是（　　）。

```
s = 0
```

```
for i in range(1,10):
    for j in range(1,i):
        s += 1
print(s)
```

A. 0　　B. 11　　C. 25　　D. 36

6.【Python 二级真题】执行下面的语句后，输出结果是（　　）。

```
x = 0
y = 0
while y <= 5:
    x = x + y
    y = y + 2
print(x)
```

A. 5　　B. 6　　C. 12　　D. 15

7.【Python 二级真题】下面代码的输出结果是（　　）。

```
for s in "HelloWorld":
    if s == "W":
        break
    print(s, end=" ")
```

A. Hello　　B. World　　C. HelloWorld　　D. Helloorld

8.【Python 二级真题】执行以下程序，输入“93python22”，输出结果是（　　）。

```
w = input('请输入数字和字母构成的字符串：')
for x in w:
    if '0' <= x <= '9':
        continue
    else:
        w.replace(x,' ')
          print(w)
```

A. python9322　　B. python　　C. 93python22　　D. 9322

9.【Python 二级真题】执行以下程序，输入 qp，输出结果是（　　）。

```
k = 0
while True:
    s = input('请输入 q 退出：')
    if s == 'q':
        k += 1
        continue
    else:
          k += 2
          break
```

print(k)

A. 2　　B. 请输入 q 退出：　　C. 3　　D.1

10. 以下关于循环结构的描述，错误的是（　　）。

A. 遍历循环使用 for < 循环变量 > in < 循环结构 > 语句，其中循环结构不能是文件

B. 使用 range() 函数可以指定 for 循环的次数

C. for i in range(5) 表示循环 5 次，i 的值是从 0 到 4

D. 用字符串做循环结构的时候，循环的次数是字符串的长度

二、编程题

1. 根据输入的酒精浓度值，判断是否为饮酒后驾驶。
2. 输入一个有 4 位整数的年份值，判断是否是闰年。
3. 使用 for 循环或 while 循环输出九九乘法表。
4. 使用 for 循环或 while 循环输出 1 000 以内的素数。
5. 综合使用程序控制结构完成 100 以内随机加减法程序的开发。

项目 3

Python 组合数据类型

学习目标

知识目标：

◆ 掌握组合数据的基本概念和使用环境。
◆ 了解组合数据的常用方法。

技能目标：

◆ 能够合理地在合适时机选择相应的数据结构处理数据。
◆ 能够对列表、元组、字典、集合的元素进行增删改查操作。

素养目标：

◆ 具备结构化思维和逻辑思维能力。
◆ 具备对新知识和新技术的自主更新、终身学习的能力。
◆ 具备互联网思维和大数据思维，具有一定的创新意识。

项目描述

通过对前面项目的学习可知，单个数据可以使用变量进行保存和操作，但是在某些情况下需要处理由多个数据组成的数据集合。在 Python 中，常见的处理多个数据的数据结构有列表（list）、元组（tuple）、字典（dict）和集合（set）4 种。

知识导图

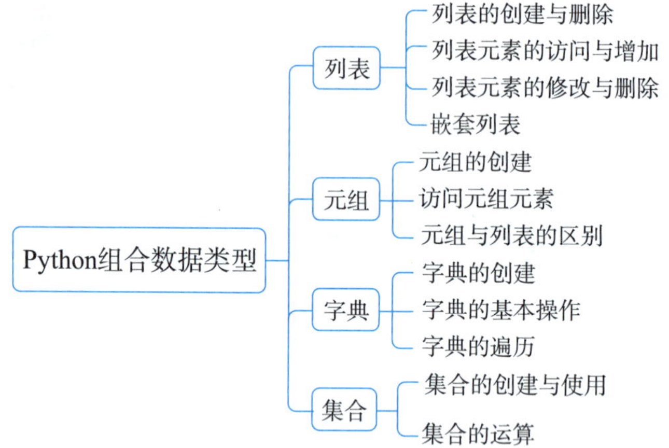

任务 3.1　列表

典型案例

摔跤比赛（记录过程）

李逵和燕青比赛摔跤，由吴用统计胜负：

```
# 创建一个空列表来保存输入记录
input_records = []
# 使用 while True 创建一个无限循环
while True:
    # 提示输入
    name = input("告诉军师，这次摔跤谁赢了：")
    # 如果输入的是 “李逵”，则使用 break 跳出循环
    if name == "李逵":
        break
    # 否则，将输入的名字添加到列表中
    input_records.append(name)
    print("李逵耍赖，要求重赛")
    # 循环结束，打印所有的输入记录
print("前几次胜利的是：")
for record in input_records:
    print(record)
```

案例说明

（1）目标被设定为“李逵”。

（2）每次比赛后，两人的胜负将记录在 input_records 列表中。

（3）由于每次李逵输了都会耍赖，因此循环的结束条件是李逵胜利。

（4）李逵胜利后，吴用会宣布之前比赛的结果。

知识梳理

列表是 Python 中最基本的数据结构，也是最常用的 Python 数据类型。列表中的数据元素会被分配一个数字，表示它在列表中的位置，即数据元素的索引，Python 列表的索引从 0 开始。列表的数据元素可以是不同的数据类型，如整数、浮点数、字符串等。列表的长度可根据需要动态变化，可通过索引直接访问列表中的元素。

3.1.1 列表的创建与删除

1. 创建列表

（1）使用 [] 方式创建列表。

在 Python 中创建列表的一般格式为：

```
列表名 =[ 数据 1, 数据 2,...]
```

列表名可以是任何符合 Python 命名规范的标识符，列表元素个数和类型都没有限制。例如：

```
color=['red','orange',2,'孙悟空']
num=[1,2,3,4,5]
mix=['red',1,'orange',2,'孙悟空']
```

本段代码创建了 color、num 和 mix 三个列表，其中 color 和 mix 两个列表有不同的数据类型。一般情况下，为了提高程序的可读性，一个列表中最好只放入一种类型的数据。

（2）使用 list() 函数创建列表。

在 Python 中，也可以使用 list() 函数创建列表，其语法格式为：

```
列表名 =list (数据 1, 数据 2,...)
```

例如：

```
list1=list('hello,python')
list2=list(1,2,3,4,5)
```

本段代码创建了“list1”和“list2”两个列表。

2. 删除列表

若列表数据不再使用，则可以使用 del 语句删除列表，其语法格式为：

```
del 列表名
```

需要注意的是，在执行本操作时，需要确保列表名已存在，否则会报错。例如：

```
01 color=['red','orange','yellow','green']
02 num=[1,2,3,4,5]
03 mix=['red',1,'orange',2,'孙悟空']
04 del list2
```

因为程序第 4 行要删除“list2”，但是目前内存中不存在该列表，所以执行程序时会有如图 3-1 所示的错误提示。

```
NameError: name 'list2' is not defined
```

图 3-1 NameError 报错

3.1.2 列表元素的访问与增加

1. 列表元素的访问

（1）索引访问。

索引是列表的基本操作，用于获得列表的一个元素。使用中括号作为索引操作符。在 Python 中，列表的首元素索引从 0 开始，–1 代表列表的最后一个元素，如果索引超出范围，则会出现异常。例如：

```
list_1=['唐僧','孙悟空','猪八戒','沙和尚']
print(list_1[-1])
print(list_1[0])
del list2
print(list_1[4])
```

其输出结果如图 3-2 所示，即在输出两个列表元素后报错，提示有列表索引越界错误：

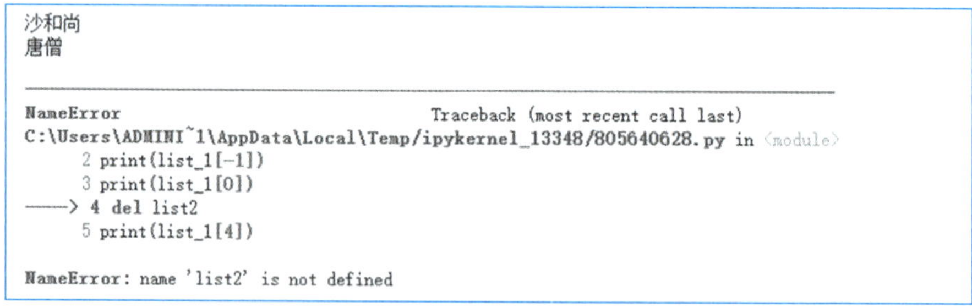

图 3-2 列表数据的读取

（2）列表元素的遍历。

在 Python 中，经常要将列表的所有元素遍历一遍，在此过程中可以对列表进行遍历、查询等操作，可以使用 for 循环遍历列表，一般格式为：

```
for < 循环变量 > in < 列表变量 >:
    语句块
```

该格式使用 i 临时储备获取到的列表元素值，具体例如：

```
list_1=['唐僧','孙悟空','猪八戒','沙和尚']
for i in list_1:
    print(i)
```

其输出结果如图 3-3 所示。

图 3-3　使用 for 循环遍历列表

（3）切片读取列表中的元素。

切片是列表的基本操作，用于获得列表的一个片段，即获得一个或多个元素。切片后的结果也是列表类型。Python 中，切片读取列表元素的方法是列表名加上读取范围，一般格式为：

```
<列表或列表变量>[m:n]
<列表或列表变量>[m:n:k]
```

其中，m 代表要读取数据的起始下标，若从头即 0 开始则可省略，n 代表要读取数据的结束下标（但是不包括结束下标本身）；k 是步长（step），表示每隔 k–1 个元素取一个值，默认值为 1。

```
01 list_1=['唐僧','孙悟空','猪八戒','沙和尚','观世音']
02 print(list_1[1:4])
03 print(list_1[:2])
04 print(list_1[2:])
05 print(list_1[:])
06 print(list_1[1:5:2])
```

其运行结果如图 3-4 所示。

```
['孙悟空', '猪八戒', '沙和尚']
['唐僧', '孙悟空']
['猪八戒', '沙和尚', '观世音']
['唐僧', '孙悟空', '猪八戒', '沙和尚', '观世音']
['孙悟空', '沙和尚']
```

图 3-4　列表的切片

该例中，代码的第 1 行初始化一个列表 list_1，第 3 行输出从头到列表中的 2 号元素，第 4 行输出从列表中的 2 号到结尾的元素，第 5 行输出全部的元素，第 6 行输出从列表中的 2 号到 6 号，且以 2 为步长所对应的元素。

2. 列表元素的增加

Python 的列表长度是可变的，若要增加列表元素，则可以使用“+”运算符或 append() 方法将一个新元素附加在列表的尾部。

其语法格式为：

```
列表名 = 列表名 + 元素
```

或者：

```
列表名.append(元素)
```

例如：

```
list_1=['唐僧','孙悟空','猪八戒','沙和尚','观世音']
list_1=list_1+['哪吒']
print(list_1)
list_1.append('二郎神')
print(list_1)
```

输出结果如图 3-5 所示。

```
['唐僧', '孙悟空', '猪八戒', '沙和尚', '观世音', '哪吒']
['唐僧', '孙悟空', '猪八戒', '沙和尚', '观世音', '哪吒', '二郎神']
```

图 3-5　从列表尾部添加元素

如果想在列表的指定位置处插入元素，则可以使用 insert() 方法，其语法格式为：
列表名

```
.insert(i,x)
```

其中：i 表示要添加到列表的索引位置，x 表示要添加到列表的元素。在上例 list_1 的基础上，执行代码 list_1.insert(3, '托塔李天王')，再次输出 list_1，其输出结果如图 3-6 所示。

微课视频

添加列表元素

```
['唐僧', '孙悟空', '猪八戒', '沙和尚', '观世音']
['唐僧', '孙悟空', '猪八戒', '托塔李天王', '沙和尚', '观世音']
```

图 3-6　在列表的任意位置处添加元素

3.1.3 列表元素的修改与删除

1. 列表元素的修改

列表元素的修改十分简单，直接借助索引即可实现：

```
list_1=['唐僧','孙悟空','猪八戒','托塔李天王','沙和尚','观世音 ']
print(list_1)
list_1[3] = '李靖'
print(list_1)
```

输出结果如图 3-7 所示。

```
['唐僧', '孙悟空', '猪八戒', '托塔李天王', '沙和尚', '观世音']
['唐僧', '孙悟空', '猪八戒', '李靖', '沙和尚', '观世音']
```

图 3-7　修改列表元素

2. 列表元素的删除

（1）使用 del 语句删除，其语法格式为：

```
del 列表名 [i]
```

代表删除列表的索引为 i 的元素，列表长度会减 1。

（2）使用 remove() 方法删除，其语法格式为：

```
列表名.remove(x)
```

代表删除列表中所有与 x 相等的元素。

（3）使用 pop() 方法删除，其语法格式为：

```
列表名.pop()
```

如果不向 pop() 方法中传递参数，则默认删除最后一个元素，否则会删除指定索引的元素。例如：

```
01  list_1=['唐僧','孙悟空','猪八戒','托塔李天王','沙和尚','观世音']
02  del list_1[3]
03  print(list_1)
04  list_1.remove('观世音')
05  print(list_1)
06  list_1.pop()
07  print(list_1)
08  list_1.pop(0)
09  print(list_1)
```

输出结果如图 3-8 所示。

```
['唐僧', '孙悟空', '猪八戒', '沙和尚', '观世音']
['唐僧', '孙悟空', '猪八戒', '沙和尚']
['唐僧', '孙悟空', '猪八戒']
['孙悟空', '猪八戒']
```

图 3-8　删除列表元素

在本例中，首先定义了列表 list_1，第 2 行删除了第 4 个元素‘托塔李天王’，第 4 行删除了列表中第一个出现的指定元素“观世音”，第 6 行由于没有向 pop() 方法传递参数，因此默认删除了末尾元素‘沙和尚’，第 8 行删除了第 1 个元素“唐僧”。

3.1.4 嵌套列表

Python 的列表元素可以是另一个列表，即 Python 的列表支持嵌套列表，也称多维列表。Python 对嵌套列表的层数没有限制，但一般不建议超过三层嵌套。二维列表的定义一般为：

```
列表名 =[[ 元素 1, 元素 2, 元素 3…], [ 元素 1, 元素 2, 元素 3…],…]
```

在下面的代码中，首先定义了 list_a、list_b、list_c 三个列表，然后将这三个列表作为列表 matrix 的元素，最后使用嵌套循环的方式遍历 matrix 的元素：

```
list_a=['唐僧', '孙悟空']
list_b=['猪八戒', '沙和尚']
list_c=['二郎神','哪吒']
matrix = [list_a,list_b,list_c]
print(matrix)
```

```
# 打印二维列表中的每个元素
for row in matrix:
    for element in row:
        print(element, end=' ')
    print() # 每打印完一行，换行
```

对列表进行统计、计算和排序

任务 3.2　元组

典型案例

图书信息管理

有些数据在定义并初始化以后不需要再有变动，那么像列表这种初始化以后仍然可以修改属性值或列表长度的数据结构就不太适合存储此类信息，图书馆的图书信息就是典型的此类数据。本案例创建了一个元组，用于存储图书信息。

```
# 定义一个元组，用于存储书籍的信息
book = ("Python 编程", "佚名", "XXXX 版社", 2024)
# 打印书籍的标题
print("书名：", book[0])
# 书籍信息的元组列表
books = [
        ("Python 编程", "佚名 ", "XXXX 出版社", 2024),
        ("计算机操作系统", "未知", "YYYY 出版社", 2025),
        ("数据结构", "匿名", "ZZZZ 出版社", 2026)
]
# 打印所有书籍的信息
for b in books:
    print("书名：", b[0], "\n 作者：", b[1], "\n 出版社：", b[2], "\n 出版年份：", b[3], "\n")
# 尝试修改元组中的元素会引发错误
book[0] = "新书名" # 这行代码将引发 TypeError
```

案例说明

这段代码使用元组存储书籍的详细信息，演示了元组的不可变性。

知识梳理

元组与列表类似，其元素也是有序的，可以通过索引直接获取元素的值。与列表的区别是，元组存储的元素值是不可变的，初始化以后就不可修改。除 append()、extend() 和 insert() 方法外，列表的其他函数和方法对元组同样适用。

3.2.1 元组的创建

元组的创建与列表类似，区别是列表使用的是“[]”，元组使用的是“()”，其格式为：

```
元组名 = (元素 0, 元素 1, 元素 2,…, 元素 n)
```

元组名称可以是任何符合 Python 命名规范的标识符。与列表类似，元组的元素个数和类型没有限制。例如：

```
tuple1=(1,2,3,4,5)
tuple2=('西游记','红楼梦','三国演义','水浒传')
tuple3=(1,'red','颜色')
print(tuple1)
print(tuple2)
print(tuple3)
```

其输出结果如图 3-9 所示。

```
(1, 2, 3, 4, 5)
('西游记', '红楼梦', '三国演义', '水浒传')
(1, 'red', '颜色')
```

图 3-9　创建元组

3.2.2 访问元组元素

如上所述，Python 的元组元素可以直接使用 print() 函数输出。如果想要获取指定元素，则可以借助索引；若要获取一定范围内的元素，则可以像列表一样借助切片。例如：

```
tuple2=('西游记','红楼梦','三国演义','水浒传')
tuple3=(1,'red','中国红')
print(tuple3[2])
print(tuple2[1:4])
```

其输出结果如图 3-10 所示。

```
中国红
('红楼梦', '三国演义', '水浒传')
```

图 3-10　元组元素的访问

Python 中元组的其他操作与列表类似，比如使用 for 循环遍历元组等。

3.2.3 元组与列表的区别

元组是一个可以存储数据并且具有数据操作方法的实体，它与列表的主要区别有：

（1）可变性：元组是不可变的，一旦创建就不能修改其内容；列表是可变的，可以修改、添加和删除其中的元素。

（2）语法：元组使用圆括号 () 定义，列表使用方括号 [] 定义。

（3）性能：由于元组不可变，因此它在某些情况下比列表更加高效，尤其是在迭代和遍历方面。

（4）用途：元组适合存储一组不会改变的数据，例如作为字典的键或函数返回多个值；列表适合存储需要频繁修改的数据，例如需要添加、删除、修改元素等操作的情况。

任务 3.3　字典

典型案例

字典的键值对

《水浒传》中人物的名字和绰号是成对的，这种结构在 Python 中有一个非常合适的数据结构：字典。下面的代码片段演示了如何定义一个字典存储几个人物和绰号：

```
heroes_nicknames = {
    "宋江": "及时雨",
    "卢俊义": "玉麒麟",
    "吴用": "智多星",
    "公孙胜": "入云龙",
    "关胜": "大刀",
    "林冲": "豹子头",
    "秦明": "霹雳火",
    "呼延灼": "双鞭",
    "花荣": "小李广",
    "柴进": "小旋风"
}
# 打印每个人物的名字和绰号
for name, nickname in heroes_nicknames.items():
        print(f"{name} 的绰号是 {nickname}")
```

案例说明

这段代码首先定义了一个字典 heroes_nicknames，其中键是《水浒传》中人物的名字，值是他们各自的绰号。然后，我们遍历字典的每一项，打印出每个人物的名字及其对应的绰号。

知识梳理

我们学习过的列表和元组都可以用来存储数据，但是如果列表中存储了过多的数据，那么在获取列表中指定的数据时，若不知道索引就必须遍历整个列表，十分耗费时间，无法满足一些业务要求。如果要使保存的数据具有唯一性，那么 Python 可以使用字典这一数据结构来存储数据。字典由键值对组成，有以下特点：

（1）字典的键必须是唯一的，其值不一定唯一。

（2）字典的键的类型只能是字符串、数字或元组，值可以是 Python 支持的任何数据类型。

（3）可以通过键获取其对应的值。

（4）字典的数据无序保存，初始化以后数据可变。

3.3.1 字典的创建

Python 语言中的字典使用大括号 {} 建立，每个元素都是一个键值对，其中，键和值通过冒号连接，不同的键值对通过逗号隔开。使用方式如下：

```
字典名 ={ 键 1: 值 1, 键 2: 值 2, 键 3: 值 3,…}
```

例如：

```
01  songjiang_t = {
02      "及时雨":"在别人最需要帮助的时候伸出援手，像及时的雨一样。",
03      "孝义黑三郎":"对待父母孝顺，对朋友讲义气；肤色较黑，排行第三。",
04      "黑宋江":"对待父母孝顺，对朋友讲义气；肤色较黑，排行第三。"}
```

上面的代码创建了一个名为 songjiang_t 的字典，其中包含宋江的三个外号作为键，以及对应的解释作为值。字典中的数据通过键来访问。在以上 songjiang_t 已经初始化的基础上，运行如下程序：

```
05  songjiang_info = songjiang_t['及时雨']
06  print(songjiang_info)
07  songjiang_info = songjiang_t['呼保义']
```

输出结果如图 3-11 所示。

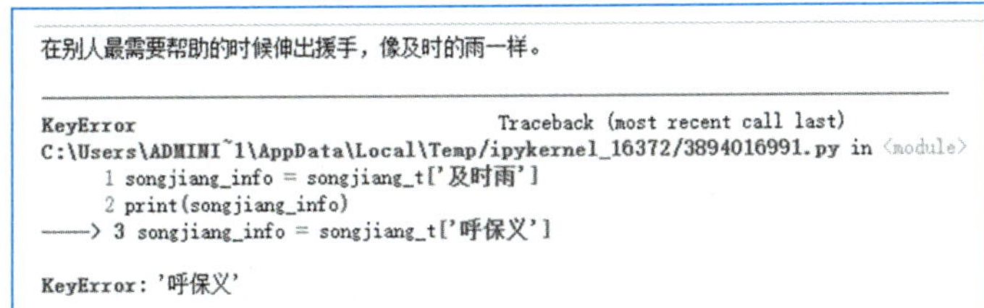

图 3-11　字典数据的访问

第 5 行将键“及时雨”对应的值赋值给 songjiang_info，第 6 行正常输出，但是第 7 行试图读取字典中不存在的键时，会出现键值错误的信息。

通过键值对访问字典

3.3.2 字典的基本操作

1. 字典数据的修改和添加

字典可以根据键来修改对应键的值，也可以使用这一特性来为字典添加新的键。例如：

```
01 heroes_nicknames = {
02     "宋江": "及时雨",
03     "卢俊义":"玉麒麟",
04     "吴用": "智多星",
05     "公孙胜": "入云龙"
06 }
07 heroes_nicknames["宋江"] = "呼保义"
08 print(heroes_nicknames)
09 heroes_nicknames["林冲"] = "豹子头"
10 print(heroes_nicknames)
```

该例先创建了字典 heroes_nicknames，第 7 行指定的键“宋江”已在字典中，所以会修改对应的值；第 9 行对键“林冲”进行赋值，因为字典中不存在键“林冲”，所以会添加一条新的键值对。其输出结果如图 3-12 所示。

```
{'宋江': '呼保义', '卢俊义': '玉麒麟', '吴用': '智多星', '公孙胜': '入云龙'}
{'宋江': '呼保义', '卢俊义': '玉麒麟', '吴用': '智多星', '公孙胜': '入云龙', '林冲': '豹子头'}
```

图 3-12 字典数据的修改和添加

2. 字典数据的删除

Python 支持通过 pop()、popitem() 和 clear() 方法删除字典中的元素。pop() 方法可根据指定键值删除字典中的指定元素，若删除成功，则该方法返回目标元素的值。popitem() 方法可以随机删除字典中的元素。clear() 方法用于清空字典中的元素。例如：

```
heroes_nicknames = {
    "宋江": "及时雨",
    "卢俊义": "玉麒麟",
    "吴用": "智多星",
    "公孙胜": "入云龙",
    "林冲":"豹子头"
}
print(heroes_nicknames)
heroes_nicknames.pop("吴用")
print(heroes_nicknames)
heroes_nicknames.popitem()
print(heroes_nicknames)
heroes_nicknames.clear()
print(heroes_nicknames)
```

该例第 9 行删除了指定键元素，该例第 11 行随机删除了字典中的元素，该例第 13 行清空了字典中的所有元素。如果不再需要字典，则也可以使用 del 命令删除整个字典，如 del heroes_nicknames，即可将已经定义的字典删除。该例的输出结果如图 3-13 所示。

```
{'宋江': '及时雨', '卢俊义': '玉麒麟', '吴用': '智多星', '公孙胜': '入云龙', '林冲': '豹子头'}
{'宋江': '及时雨', '卢俊义': '玉麒麟', '公孙胜': '入云龙', '林冲': '豹子头'}
{'宋江': '及时雨', '卢俊义': '玉麒麟', '公孙胜': '入云龙'}
{}
```

图 3-13　字典数据的删除

3.3.3 字典的遍历

在 Python 中，有三个方法与字典的遍历有关：使用 items() 方法可以获得字典的键值对列表，使用 keys() 方法可以单独获得“键”，使用 values() 方法可以获得“值”。例如，首先定义一个字典，然后通过 items() 方法获取键值对的元组列表，并输出全部键值对，代码如下：

```
01  heroes_nicknames = {
02      "宋江": "及时雨",
03      "卢俊义": "玉麒麟",
04      "吴用": "智多星",
05      "公孙胜": "入云龙",
06      "林冲":"豹子头"}
07  print("heroes_nicknames 的键有：")
08  print(heroes_nicknames.keys())                    # 访问键
09  print("heroes_nicknames 的值有：")
10  print(heroes_nicknames.values())                  # 访问值
11  for item in heroes_nicknames.items():         # 同时访问键和值
12      print(item)
```

该例中，第 8 行单独访问 heroes_nicknames 的键，第 10 行单独访问 heroes_nicknames 的值，第 11 行使用 for 循环对字典进行遍历，其输出结果如图 3-14 所示。

```
heroes_nicknames的键有：
dict_keys(['宋江', '卢俊义', '吴用', '公孙胜', '林冲'])
heroes_nicknames的值有：
dict_values(['及时雨', '玉麒麟', '智多星', '入云龙', '豹子头'])
('宋江', '及时雨')
('卢俊义', '玉麒麟')
('吴用', '智多星')
('公孙胜', '入云龙')
('林冲', '豹子头')
```

图 3-14　字典数据遍历

任务 3.4　集合

典型案例

图书书单

下面是一个使用集合存储书单的典型案例：

```
booklist = set()               # 添加一些图书到集合中
booklist.add("西游记")
booklist.add("红楼梦")
booklist.add("三国演义")
booklist.add("水浒传")
print(booklist)                # 打印当前存储的图书
booklist.add("三国演义")       # 添加一本新图书
print(booklist)                # 再次打印书单
```

案例说明

在这个案例中，booklist 集合用于存储图书名称。当尝试添加一个已经存在于集合中的图书时，集合会自动忽略这个重复的添加操作，这样可以确保图书列表中不包含重复项。集合类型主要用于元素去重，适合于任何组合数据类型。

知识梳理

Python 语言中的集合类型与数学中的集合概念一致，即包含 0 个或多个数据项的无序组合。集合中元素不可重复，元素类型只能是固定数据类型，如整数、浮点数、字符串、元组等。列表、字典和集合类型本身都是可变数据类型，不能作为集合的元素出现。

3.4.1 集合的创建与使用

集合有两种创建形式，即创建一个空集合或在创建集合时同时初始化数据，格式为：

```
集合名 = set()
```

或者：

```
集合名 = { 元素 1, 元素 2,…}
```

例如：

```
01    booklist1 = set()
02    booklist2={1,2,3,4}
```

第 1 行创建了一个空集合，第 2 行创建了有初始值的集合。

集合本身是无序的，所以集合中数据的顺序也没有影响，不能以索引来访问集合数据，只能通过循环或 in 和 not in 来访问集合数据。为了向集合中添加元素，可以使用典型案例中的 add() 方法。

删除集合元素的方法主要有三个：remove() 方法会删除集合中的指定元素，如果该元素不存在，则会报错；discard() 方法也能删除指定元素，即使该元素不存在，也不会报错；pop() 方法随机删除集合中的元素并返回一个集合元素。例如：

```
01  booklist = set()
02  booklist.add("西游记")
03  booklist.add("红楼梦")
04  booklist.add("三国演义")
05  booklist.add("水浒传")
06  print("目前的集合是：", booklist)
07  booklist.remove("三国演义")
08  print("删除一个元素后的集合是：", booklist)
09  temp=booklist.pop()
10  print("被随机删除的元素是：", temp)
11  print("随机删除元素以后的集合是：", booklist)
12  booklist.discard("三国演义")
13  booklist.remove("三国演义")
```

该例首先初始化一个集合，第 7 行使用 remove() 方法删除集合元素“三国演义”，第 9 行随机删除了一个元素，第 12 行和第 13 行尝试删除集合中不存在的元素，第 13 行会报错，其运行结果如图 3-15 所示。

```
目前的集合是： {'西游记', '三国演义', '水浒传', '红楼梦'}
删除一个元素后的集合是： {'西游记', '水浒传', '红楼梦'}
被随机删除的元素是：西游记
随机删除元素以后的集合是： {'水浒传', '红楼梦'}

---------------------------------------------------------------------------
KeyError                                  Traceback (most recent call last)
C:\Users\ADMINI~1\AppData\Local\Temp/ipykernel_13888/3200316376.py in <module>
     11 print("随机删除元素以后的集合是：",booklist)
     12 booklist.discard("三国演义")
---> 13 booklist.remove("三国演义")

KeyError: '三国演义'
```

图 3-15　集合元素的删除

3.4.2 集合的运算

Python 中集合与数学中集合的概念高度一致，支持多种对应的运算操作，主要包括判断元素是否属于集合、比较两个集合是否相等、判定集合间的子集或超集关系，以及执行交集、并集、差集和对称差集等经典的集合运算。例如：

```
set1 = {1,3,5,7,9,11}
set2 = {2,4,6,8,10,11}
if 1 in set1:
    print("该元素在集合set1中")
if set1 != set2:
```

```
06         print("两个集合并不等价")
07     if set1 < set2:
08         print("集合set1是set2的子集")
09     else:
10         print("集合set1不是set2的子集")
11     set3 = set1.union(set2)
12     print(set3)
13     set3 = set1.intersection(set2)
14     print(set3)
15     set3 = set1.difference(set2)
16     print(set3)
```

该例中，初始化了两个集合，第 3 行判断数字 1 是否是 set1 的元素，第 5 行判断两个集合是否相等，第 7 行判断 set1 是否是 set2 的子集，第 11 行求两个集合的并集，第 13 行求两个集合的交集，第 15 行求两个集合的差。其输出结果如图 3-16 所示。

```
该元素在集合set1中
两个集合并不等价
集合set1不是set2的子集
{1, 2, 3, 4, 5, 6, 7, 8, 9, 10, 11}
{11}
{1, 3, 5, 7, 9}
```

图 3-16　集合的运算

知识拓展

列表是 Python 中灵活的可变序列，支持存储不同类型的元素，长度可动态调整，并提供了丰富的操作函数和方法。列表常用的操作函数或方法见表 3-1。

表 3-1　列表常用的操作函数或方法

函数或方法	描述
len(ls)	列表 ls 的元素个数（长度）
min(ls)	列表 ls 中的最小元素
max(ls)	列表 ls 中的最大元素
list(x)	将 x 转变成列表类型
ls.clear()	删除 ls 中所有元素
ls.remove(x)	将列表中出现的第一个元素 x 删除
ls.reverse()	列表 ls 中元素反转
ls.copy()	生成一个新列表，复制 ls 中所有元素

键值对是组织数据的一种重要方式，字典是存储可变数量键值对的数据结构，键和值可以是任意数据类型。字典类型也有一些通用的操作函数或方法，见表 3-2。

表 3-2　字典常用的操作函数或方法

函数或方法	描述
len(d)	字典 d 的元素个数（长度）
min(d)	字典 d 中键的最小值
max(d)	字典 d 中键的最大值
dict( )	生成一个空字典
d.get(key, default)	键存在，则返回相应值，否则返回默认值

集合类型与数学中的集合概念一致，即包含 0 个或多个数据项的无序组合。集合类型中也有一些常用的操作函数或方法，见表 3-3。

表 3-3　集合常用的操作函数或方法

函数或方法	描述
S.add(x)	如果数据项 x 不在集合 S 中，则将 x 增加到集合 S 中
S.remove(x)	如果 x 在集合 S 中，则移除该元素，不再产生 keyError 异常
S.clear()	移除 S 中所有数据项
len(S)	返回集合 S 元素的个数
x in S	如果 x 是 S 的元素，则返回 True，否则返回 False
x not in S	如果 x 不是 S 的元素，则返回 True，否则返回 False

项目小结

本项目主要介绍了 Python 中四种重要的数据结构，它们有各自的特点和使用场景：列表用于保存有序、可修改的数据；元组用于保存有序但初始化后不可修改的数据；字典是无序的，以键值对的形式保存数据，可以快速地通过键获取到对应的值；集合的元素是无序且唯一的，常用来过滤或统计数据。这四种数据结构都可以使用 for 循环来遍历其中的数据。

课后习题

一、单项选择题

1. Python 中使用（　　）表示列表。

   A. ( )　　B. [ ]　　C. { }　　D. " "

2. Python 的列表与元组的区别中，下列说法错误的是（　　）。

   A. 列表与元组的数据都是有序的

B. 元组可以作为字典的键，而列表不可以

C. 列表和元组都可以用索引访问元素

D. 元组的数据初始化以后不可修改，因此不如列表实用

3. 以下关于 Python 字典的说法中，错误的是（　　）。

A. 字典是一种可变的数据类型

B. 字典的键必须是不可变类型，如字符串、数字或元组

C. 字典是存储了键值对的集合

D. 字典的键和值在初始化以后仍然可以修改

4.【Python 二级真题】以下程序的输出结果是（　　）。

```
ls =list({'shandong':200, 'hebei':300, 'beijing':400})
print(ls)
```

A. ['300','200','400']　　B. ['shandong','hebei','beijing']

C. [300,200,400]　　D. 'shandong','hebei','beijing'

5. 以下方法中，不能删除集合元素的是（　　）。

A. discard()　　B. del()　　C. remove()　　D. pop()

6.【Python 二级真题】给出如下代码：

```
DictColor = {"seashell":"海贝色","gold":"金色","pink":"粉红色","brown":"棕色",
"purple":"紫色","tomato":"西红柿色"}
```

以下选项中，能输出“海贝色”的是（　　）。

A. print(DictColor.keys())　　B. print(DictColor[" 海贝色 "])

C. print(DictColor.values())　　D. print(DictColor["seashell"])

7.【Python 二级真题】下面代码的输出结果是（　　）。

```
s =["seashell","gold","pink","brown","purple","tomato"]
print(s[1:4:2])
```

A. ['gold', 'pink', 'brown']　　B. ['gold', 'pink']

C. ['gold', 'pink', 'brown', 'purple', 'tomato']　　D. ['gold', 'brown']

8.【Python 二级真题】下面代码的执行结果是（　　）。

```
ls=[[1,2,3],[[4,5],6],[7,8]]
print(len(ls))
```

A. 3　　B. 4　　C. 8　　D. 1

9.【Python 二级真题】下面代码的执行结果是（　　）。

```
ls = ["2020", "20.20", "Python"]
ls.append(2020)
ls.append([2020, "2020"])
print(ls)
```

A. ['2020', '20.20', 'Python', 2020]

B. ['2020', '20.20', 'Python', 2020, [2020, '2020']]

C. ['2020', '20.20', 'Python', 2020, ['2020']]
D. ['2020', '20.20', 'Python', 2020, 2020, '2020']

10.【Python 二级真题】下面代码的输出结果是（　　）。

```
d ={"大海":"蓝色", "天空":"灰色", "大地":"黑色"}
print(d["大地"],
d.get("大地", "黄色"))
```

A. 黑色 灰色　　B. 黑色 黑色　　C. 黑色 蓝色　　D. 黑色 黄色

11. 下列类型的对象中，属于可变序列的是（　　）。

A. 字符串　　B. 列表　　C. 集合　　D. 元组

二、编程题

1. 创建一个 10 以内的偶数列表，计算列表中所有偶数的和。
2. 输入 10 个数，将其分别按从小到大和从大到小的顺序输出。

项目 4

Python 函数及模块

学习目标

知识目标：

- 理解函数的定义、作用和基本语法结构。
- 掌握函数的参数传递方式，包括位置参数、关键字参数、默认参数和可变参数。
- 理解函数的作用域规则，包括局部作用域和全局作用域的概念和使用方法。
- 掌握函数的嵌套和递归的概念及应用场景。

技能目标：

- 能够独立编写具有一定功能的函数，实现代码的模块化和复用。
- 能够正确调用函数，并根据需要传递合适的参数，获取并处理返回值。
- 能够运用函数的嵌套和递归解决复杂问题，提高代码的逻辑性和可读性。

素养目标：

- 养成逻辑思维能力，通过函数的设计和调用，锻炼分析问题和解决问题的能力。
- 增强代码规范意识，包括函数的命名、注释的添加和代码的布局，提高代码的可读性和可维护性。
- 养成创新意识和探索精神，尝试不同的函数设计和文件操作方法，以找到最优解决方案。

项目描述

通过对前面项目的学习，我们已经学会了运用程序的控制结构进行逻辑判断和流程控制，以及使用组合数据类型来组织和处理数据。在本项目中，我们将通过深入学习 Python 函数的相关知识和技能，灵活运用函数来解决各种实际问题，从而有效地提升编程技能和数据处理能力，为今后更复杂的编程任务和项目开发打下坚实的基础。

知识导图

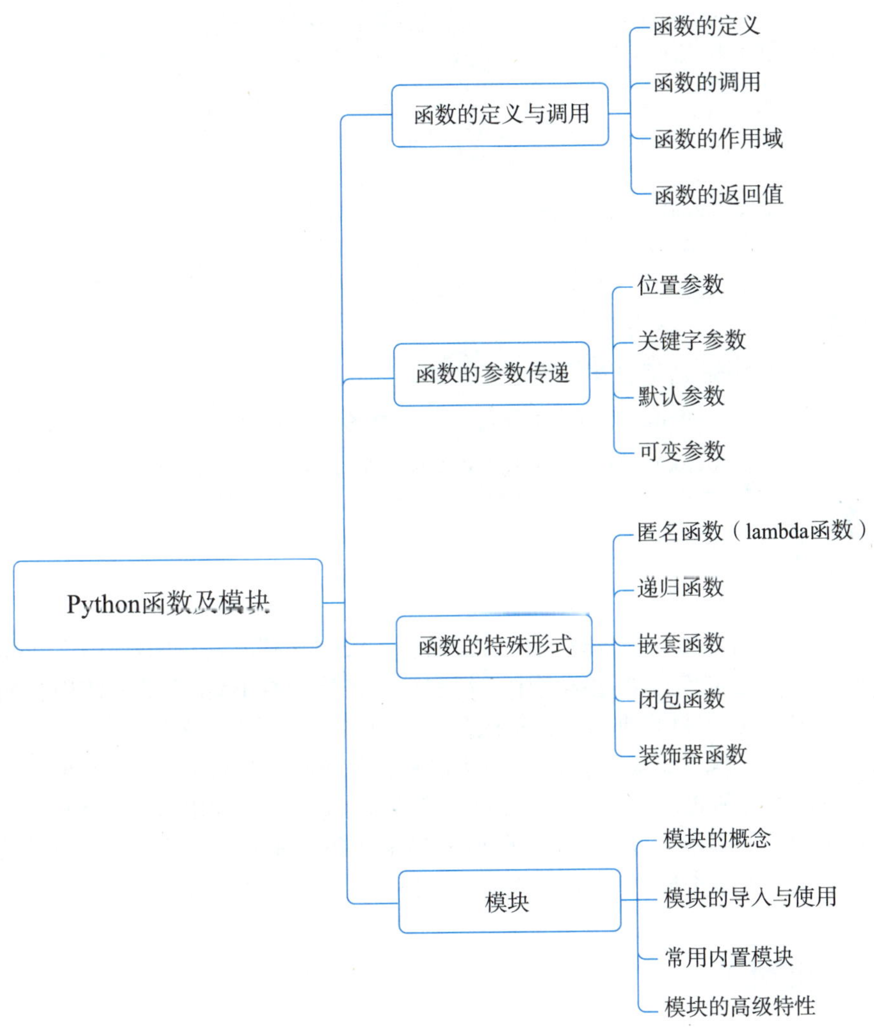

任务 4.1　函数的定义与调用

典型案例

根据身高、体重计算 BMI 指数（用函数的方法）

本案例首先提示用户输入身高（厘米）和体重（千克），然后根据用户输入的数据，计算体质指数 BMI 值（BMI= 体重 ÷ 身高的平方）。

```
def calculate_bmi(height, weight):
    height_m = height / 100           # 将身高从厘米转换为米
    bmi = weight / (height_m ** 2)
    return bmi
if __name__ == '__main__':
    height = 180                      # 身高（厘米）
    weight = 75                       # 体重（千克）
    bmi = calculate_bmi(height, weight)
    print("您的 BMI 指数为：", bmi)
```

案例说明

（1）def 是 Python 的关键字，用于定义函数。

（2）定义名为 calculate_bmi() 的函数，该函数的功能是输出体质指数 BMI 值。

（3）调用函数 calculate_bmi(height, weight)，并将函数的返回值赋值给变量 bmi。

知识梳理

在生活中，我们处理各种事务往往会遵循一定的模式和流程。同样，在 Python 编程中学习函数也有其必要性。上述案例中，每次计算体质指数 BMI 值都是使用相同的计算公式，将计算 BMI 过程封装成函数，每次需要计算时直接调用，无须重复编写计算逻辑，以节省时间和精力。同时，函数使代码结构清晰，就像我们将计算 BMI 的步骤整理得井井有条，以方便理解和修改。另外，当计算规则或需求改变时，我们只需要修改函数内部，不会影响整个程序的其他部分，保证了代码的稳定性和可维护性。因此，学习函数能让我们更便捷、准确地处理类似计算 BMI 这样的任务，更好地解决实际问题。

4.1.1 函数的定义

Python 函数的作用在于将具有特定功能的代码段封装起来，实现代码复用、逻辑分离和程序结构优化。Python 中定义函数的基本语法格式如下：

```
def 函数名（[ 形式参数列表 ]):
    函数体
```

说明： def 是 Python 的关键字，用于定义函数。函数名可以是任意合法的 Python 标识符，与变量名设置规则相同，多个单词组成建议使用下划线；形式参数列表（简称形参）是调用该函数时传递给函数的参数，可以有零个、一个或多个，当传递多个参数时各参数之间用逗号隔开，[] 表示的是可选内容；函数体是实现函数具体功能的一系列代码语句的集合，由一行或多行语句组成。

定义函数的注意要点如下：

（1）函数名应符合命名规则，具有描述性。

（2）参数的数量和类型要明确，可设置默认值，亦可为空，仅保留一对空的圆括号。

（3）适当添加函数文档字符串（Docstring）以说明函数功能、参数和返回值等。

（4）圆括号后面的冒号不可以省略。

（5）函数体相对于 def 关键字必须保持一定的空格缩进。

例如，定义名为 print_hello() 的函数，该函数的功能是输出 "Hello" 字符串，代码如下：

```
def print_hello():
    """
    此函数用于输出 'Hello'
    """
print('Hello')
```

上述代码首先定义了一个函数名由多个单词组成的函数，函数名单词之间用下划线连接；然后添加函数文档字符串 "此函数用于输出 'Hello'" 以说明该函数的功能，Python 中的函数文档字符串（Docstring）不会被执行，它只用于提供关于函数的描述和说明，以增强代码的可读性和可维护性；最后调用 print() 函数输出 "Hello" 字符串。

4.1.2 函数的调用

函数定义后，需要被调用才能执行函数体，实现特定的函数功能。函数调用的基本语法格式如下：

```
函数名（[ 实际参数列表 ]）
```

说明： 实际参数列表（简称实参）表示在调用函数时传递给函数的实际值。这些实际值被函数接收并在函数内部进行处理。在进行函数调用时，要明确函数的名称和它所期望的参数，在需要使用该函数功能的地方，通过写出函数名并在其后加上括号来进行调用。如果函数需要参数，就在括号内提供相应的值；如果函数不需要参数，则括号内为空。

例如，调用名为 print_hello() 的函数，该函数的功能是输出 "Hello" 字符串，代码如下：

```
# 调用 print_hello() 函数
        print_hello()
```

上述代码调用 print_hello() 函数，只需要写下 print_hello()，执行这行代码时，就会输出 "Hello" 字符串。在程序中，只有执行到了函数名 ()，才会执行此函数的函数体代码，遇到一次，就执行一次。

在 Python 中，函数参数的数据类型分为不可变数据类型（如整数、浮点数、字符串、元组等）和可变数据类型（如列表、字典、集合等）。当参数的数据类型为不可变数据类型时，在函数内直接修改形参的值不会影响实参。

函数的定义与调用

4.1.3 函数的作用域

在 Python 中，作用域（Scope）指的是变量的可见范围。函数的作用域是指在函数内部定义的变量在函数外部不可见，而在函数内部可以访问。Python 的作用域规则遵循“LEGB”原则，即 Local（局部作用域）、Enclosing（嵌套作用域）、Global（全局作用域）、Built-in（内建作用域）。

1. 局部作用域（Local Scope）

在函数内部定义的变量属于局部作用域，它们只能在函数内部访问，函数调用结束后，这些变量就会被销毁。代码如下：

```
def my_function():
    x = 10  # 局部变量
    print(x)
my_function()
print(x)  # 这将引发错误，因为 x 在函数外部不可见
```

程序运行结果如图 4-1 所示。

```
10
---------------------------------------------------------------------------
NameError                                 Traceback (most recent call last)
Cell In[2], line 5
      3     print(x)
      4 my_function()
----> 5 print(x)

NameError: name 'x' is not defined
```

图 4-1　局部作用域程序运行结果

2. 全局作用域（Global Scope）

在函数外部定义的变量属于全局作用域，它们可以在整个模块中被访问。如果需要在函数内部修改全局变量，那么必须使用 global 关键字。代码如下：

```
x = 10                    # 全局变量
def my_function():
    global x
    x = 20                # 修改全局变量
    print(x)
my_function()
x = x + 10
print(x)                  # 全局变量 x 已被修改
```

程序运行结果如图 4-2 所示。

```
20
30
```

图 4-2　全局作用域程序运行结果

3. 嵌套作用域（Enclosing Scope）

嵌套函数中，内部函数可以访问外部函数的变量，但不能修改。如果需要修改外部函数的变量，那么可以使用 nonlocal 关键字。代码如下：

```
def outer_function():
    x = 10                    # 外部函数变量
    def inner_function():
        nonlocal x
        x = 20                # 修改外部函数变量
        print(x)
    inner_function()
    print(x)
outer_function()
```

程序运行结果如图 4-3 所示。

```
20
20
```

图 4-3　嵌套作用域程序运行结果

4. 内建作用域（Built-in Scope）

Python 的内建作用域包含内建函数和异常等，所有 Python 程序都可以直接访问这些内建资源。代码如下：

```
print(len("Hello, World!"))   # 内建函数 len()
```

程序运行结果如图 4-4 所示。

```
[3]: print(len("Hello, World!")) # 内建函数 len()
     13
```

图 4-4　内建作用域程序运行结果

4.1.4 函数的返回值

在 Python 中，函数的返回值是函数执行完毕后向调用者返回的结果，它就像是函数完成任务后交出来的“答卷”。当我们定义一个函数时，可以选择让它返回一个值或者不返回。如果要返回值，就使用 return 关键字加上要返回的具体内容。需要注意的是，只写 return 而后面不加返回内容或者不写 return，返回值都是 None。

例如，定义一个函数 multiply_numbers(a, b) 用于计算两个数的乘积，并将该结果返回，代码如下：

```
def multiply_numbers(a, b):
    return a * b
```

上述代码定义的函数 multiply_numbers(a, b) 接收两个参数 a 和 b，并通过 return a * b 语句返回它们的乘积。我们调用这个函数时，就可以获取这个返回值，并可以将这个返回值赋值给某一个变量。代码如下：

```
result = multiply_numbers(3, 5)
```

上述代码调用 multiply_numbers 函数，函数返回的结果 15 被赋值给了变量 result，我们可以对这个结果进行进一步的处理或使用。

如果定义上述 multiply_numbers 函数时，省略了 return 后面的 a * b，那么当调用函数 multiply_numbers(3, 5) 后，并将返回结果赋值给 result 时，result 值为 None。同学们可以自己动手试一试。

函数的返回值可以是各种数据类型，如整数、浮点数、字符串、列表、字典等。同时，一个函数可以根据不同的条件返回不同的值。通过返回值，函数能够向外界传递有用的信息，使得我们可以基于函数的执行结果进行后续的操作和决策，增强了函数的功能性和实用性。

在上述 multiply_numbers 函数定义中，函数返回了单个值，即两个数的乘积，但在 Python 中，函数不仅可以返回单个值，还能返回多个值，这给我们处理复杂的计算和数据操作提供了极大的便利。就像从一个盒子里拿出特定的物品，我们可以只拿出一样，也可以拿出多样。Python 可以通过将多个值放在元组中进行返回。例如，有一个函数要同时返回一个数的平方和立方，代码如下：

```
# 函数定义
def square_and_cube_number(num):
return num ** 2, num ** 3
# 函数调用
square, cube = square_and_cube_number(3)
```

上述代码在调用 square_and_cube_number 函数后，返回一个元组（9, 27），按照元组元素的顺序将 9 和 27 分别赋值给了 square 和 cube 变量。

需要注意的是，虽然看起来函数返回了多个值，但实际上返回了一个包含这些值的元组。在接收返回值时，我们可以使用多个变量按照顺序来接收，从而方便地获取和使用每个返回值。

任务 4.2 函数的参数传递

典型案例

计算不同形状的面积

从前文对 Python 函数的初步探索中，我们已经了解到函数是执行特定任务的代码块。而在实际编程中，为了让函数更加灵活和实用，我们需要给函数传递不同的数据，这就是函数的参数传递。想象一下，函数就像是一台机器，而参数就是我们“喂”给这台机器的原材料，不同的原材料会让机器生产出不同的产品。例如，我们有一个计算面积的函数，如果我们给它传递不同的形状参数（如圆形、矩形等）和相应的数据（如半径、长和宽等），它就能计算出不同形状的面积。

例如，定义名为 calculate_area 的函数，该函数的功能是根据输入的形状参数和对应数据输出该形状的面积，代码如下：

```
01  # 函数定义
02  import math
03  def calculate_area(shape, *args):
04      if shape == "rectangle":
05          if len(args) == 2:
06              length, width = args
07              return length * width
08          else:
09              return "输入参数数量错误，计算矩形面积需要两个参数：长和宽"
10          elif shape == "circle":
11          if len(args) == 1:
12              radius = args[0]
13              return math.pi * radius ** 2
14          else:
15              return "输入参数数量错误，计算圆形面积需要一个参数：半径"
16          elif shape == "triangle":
17              if len(args) == 2:
18                  base, height = args
19                  return 0.5 * base * height
20          else:
21                  return "输入参数数量错误，计算三角形面积（已知底和高）需要两个参数：底
22  和高"
23      else:
24          return "不支持的形状，请输入 'rectangle'（矩形）、'circle'（圆形）或 'triangle'（三角形）"
25  # 函数调用
26  print(calculate_area("rectangle", 5, 3))
27  print(calculate_area("circle", 2))
28  print(calculate_area("triangle", 4, 6))
```

程序运行结果如图 4-5 所示。

```
15
12.566370614359172
12.0
```

图 4-5　计算矩形、圆形、三角形的面积程序运行结果

案例说明

（1）第 26～28 行代码调用 calculate_area 函数，该函数接受两个参数。第一个参

数 shape 是一个字符串，用于指定我们要计算面积的形状，如“rectangle”（矩形）、“circle”（圆形）或者“triangle”（三角形）。第二个参数 *args 是一个可变参数，它可以接收不同数量的值。

（2）定义函数 calculate_area 时，圆括号内的 shape 和 *args 参数叫做形参；调用函数 calculate_area 时，圆括号内的“"rectangle", 5, 3”、“"circle", 2 ”和“"triangle", 4, 6”叫做实参。

（3）调用函数后，会执行第 3 ～ 24 行代码，函数内部通过判断 shape 的值来确定进行哪种形状的面积计算，从而执行不同的语句块。如果 shape 是“rectangle”，那么它期望 *args 中提供两个值，分别作为矩形的长和宽，然后使用公式“长 × 宽”计算面积；如果 shape 是“circle”，则期望 *args 中只有一个值，即圆形的半径，通过公式“π × 半径^2”计算面积；如果 shape 是“triangle”，则同样期望 *args 中有两个值，分别是三角形的底和高，面积通过“0.5× 底 × 高”来计算；如果输入的 shape 不是这三种支持的形状，或者提供的参数数量不符合对应形状的要求，则函数会返回相应的提示信息，告诉我们输入有误。

知识梳理

在 Python 中，参数是函数与外部进行交互的重要途径。当我们定义一个函数时，可以在括号内指定参数（即形参），这些参数就像是函数的入口，外部的数据（即实参）可以通过它们传递进函数内部进行处理。向函数传递实参的方式有多种，如位置参数、关键字参数和默认参数等。位置参数是按照参数的位置顺序传递值的，调用函数时必须按照定义的顺序提供相应的值。关键字参数则是通过明确指定参数的名字来传递值，这样就不必严格遵循参数的顺序。默认参数是在定义函数时就为参数指定了一个默认值，如果调用函数时没有为该参数提供值，就会使用默认值。此外还有可变参数，如 *args 用于接收任意数量的位置参数，**kwargs 用于接收任意数量的关键字参数。

4.2.1 位置参数

位置参数是最常见的参数类型，通过函数定义时的顺序来传递参数值。在调用函数时，需要按照定义的顺序提供相应的值。以下是一个使用位置参数来表示《西游记》角色的函数示例，代码如下：

```
def introduce_character(name, weapon):
    print(f"{name} 使用的武器是：{weapon}")
# 调用函数，传入位置参数
introduce_character("孙悟空", "金箍棒")
# 输出：孙悟空 使用的武器是：金箍棒
```

程序运行结果如图 4-6 所示。

```
孙悟空 使用的武器是：金箍棒
```

图 4-6　位置参数代码示例程序运行结果

上述代码首先定义了一个名为 introduce_character 的函数，该函数表明它需要一个角色名称和一种角色使用的武器名称。调用 introduce_character 函数时，需要按顺序提供一个角色名称和一种武器名称。例如，在上述代码函数调用中，实参"孙悟空"被赋值给形参"name"，而实参"金箍棒"被赋值给形参"weapon"。在函数体内，使用这两个形参来显示《西游记》角色所使用的武器信息"孙悟空 使用的武器是：金箍棒"。

需要注意的是，使用位置参数来调用函数时，如果实参的顺序不正确，结果就会出现问题。例如，在上述代码函数调用中，如果先指定武器名称，再指定角色名称，那么由于实参"金箍棒"在前，这个值将被赋值给形参"name"，同理，实参"孙悟空"将被赋值给形参"weapon"。这样将会出现以下输出信息"金箍棒 使用的武器是：孙悟空"。所以在以后使用位置参数时，如果出现以上明显的错误，请确认函数调用中实参的顺序是否与函数定义中形参的顺序一致。

4.2.2 关键字参数

关键字参数允许在函数调用时使用参数名来指定参数的值。因为直接将形参名称与实参关联起来，所以向函数传递实参时就不会混淆，这在函数有很多参数或者参数的顺序容易混淆时非常有用。关键字参数让你无须考虑参数调用中的参数顺序，还可以清楚地指出函数调用中各个值的意义。以下是一个使用关键字参数来表示《西游记》角色的函数示例，代码如下：

```
def introduce_character(name, weapon):
    print(f"{name} 使用的武器是：{weapon}")
# 调用函数，传入关键字参数
introduce_character(name="孙悟空", weapon="金箍棒")
# 输出：孙悟空 使用的武器是：金箍棒
```

程序运行结果如图 4-7 所示。

```
孙悟空 使用的武器是：金箍棒
```

图 4-7　关键字参数代码示例程序运行结果

上述代码中的函数 introduce_character 与前面例子一致，但在调用这个函数时，明确地指出了各个实参对应的形参，当看到这样的调用时，Python 就知道将实参"孙悟空"和"金箍棒"分别赋值给形参"name"和"weapon"，输出信息"孙悟空 使用的武器是：金箍棒"。

对比位置参数，关键字参数的顺序是无关紧要的，因为 Python 明确地知道哪个实参赋值给哪个形参，也就是说，以下两种调用方式意义相同。代码如下：

```
def introduce_character(name, weapon):
    print(f"{name} 使用的武器是：{weapon}")
# 调用函数，传入关键字参数
```

```
introduce_character(name="孙悟空", weapon="金箍棒") #第一种调用
#输出：孙悟空 使用的武器是：金箍棒
introduce_character(weapon="金箍棒",name="孙悟空")  #第二种调用
#输出：孙悟空 使用的武器是：金箍棒
```

程序运行结果如图 4-8 所示。

```
孙悟空  使用的武器是：金箍棒
孙悟空  使用的武器是：金箍棒
```

图 4-8　位置参数与关键字参数代码示例程序运行结果的对比

4.2.3 默认参数

默认参数是在定义函数时为参数设置一个默认值。如果调用函数时没有为该参数提供值，那么将使用默认值，使用默认参数可简化函数调用。以下是一个表示《西游记》中角色默认武器的函数示例，《西游记》中大多数角色使用的都是普通武器，这时就可以将形参“weapon”的默认值设置为“普通武器”。代码如下：

```
def introduce_character(name, weapon="普通武器"):
    print(f"{name} 使用的武器是：{weapon}")
#调用函数，传入位置参数
introduce_character("孙悟空", "金箍棒")
#输出：孙悟空 使用的武器是：金箍棒
#调用函数，只传入位置参数 name，使用默认参数 weapon
introduce_character("奔波儿灞")
#输出：奔波儿灞 使用的武器是：普通武器
```

程序运行结果如图 4-9 所示。

```
孙悟空  使用的武器是：金箍棒
奔波儿灞  使用的武器是：普通武器
```

图 4-9　默认参数代码示例程序运行结果

上述代码修改了函数 introduce_character 的定义，给形参“weapon”指定了默认值“普通武器”。这样，在调用该函数时，如果没有给形参“weapon”指定值，那么 Python 会把这个形参设置为“普通武器”。

需要注意的是，使用默认参数时，必须先在形参列表中列出没有默认值的形参，再列出有默认值的实参，这样才能让 Python 能够正确地解读位置参数。

4.2.4 可变参数

在 Python 编程中，有时我们需要定义一个函数，该函数可以接受任意数量的参数。这可以通过使用 *args 和 **kwargs 来实现。 *args 允许将一个非关键字变量长度的参数列

表传递给函数，而 **kwargs 允许传递一个任意关键字参数。这就像在《西游记》中，孙悟空降妖除魔时，不知道会遇到多少个妖怪，但他都能灵活应对。

1. 使用 *args 传递任意数量的位置参数

*args 用于收集不确定数量的位置参数，并将它们组合成一个元组。想象一下，孙悟空要与一群妖怪战斗，我们不知道具体会有多少个妖怪出现，以此为例，代码如下：

```
def fight_monsters(*monster_names):
    for monster in monster_names:
        print(f"孙悟空正在与 {monster} 战斗！")
fight_monsters("白骨精", "金银角大王", "蜘蛛精", "黄风怪")
# 输出 孙悟空正在与 白骨精 战斗！
# 输出 孙悟空正在与 金银角大王 战斗！
# 输出 孙悟空正在与 蜘蛛精 战斗！
# 输出 孙悟空正在与 黄风怪 战斗！
```

程序运行结果如图 4-10 所示。

```
孙悟空正在与 白骨精 战斗！
孙悟空正在与 金银角大王 战斗！
孙悟空正在与 蜘蛛精 战斗！
孙悟空正在与 黄风怪 战斗！
```

图 4-10　使用 *args 传递任意数量的位置参数程序运行结果

上述代码定义了 fight_monsters 函数。fight_monsters 函数可以接受任意数量的妖怪名字作为参数，依次处理并逐个打印出孙悟空与它们战斗的信息。

2. 使用 **kwargs 传递任意数量的关键字参数

**kwargs 用于收集不确定数量的关键字参数，并将它们组合成一个字典。假设孙悟空在战斗中使用了各种神奇的法术，每种法术都有其独特的名称和效果，代码如下：

```
def use_magic_powers(**magic_powers):
    for power, description in magic_powers.items():
        print(f"孙悟空使用了 {power} 法术，其效果为：{description}")
use_magic_powers(fly="能够快速飞行", transform="随意变化形态", invisibility="隐身")
# 输出 孙悟空使用了 fly 法术，其效果为：能够快速飞行
# 输出 孙悟空使用了 transform 法术，其效果为：随意变化形态
# 输出 孙悟空使用了 invisibility 法术，其效果为：隐身
```

程序运行结果如图 4-11 所示。

```
孙悟空使用了 fly 法术，其效果为：能够快速飞行
孙悟空使用了 transform 法术，其效果为：随意变化形态
孙悟空使用了 invisibility 法术，其效果为：隐身
```

图 4-11　使用 **kwargs 传递任意数量的关键字参数程序运行结果

上述代码定义了 use_magic_powers 函数。use_magic_powers 函数能够接收任意数量的法术及其描述作为关键字参数，依次处理并逐个打印出孙悟空使用的法术信息。

3. 结合使用 *args 和 **kwargs

有时候，就像在复杂的战斗场景中，不仅有一群数量不确定的妖怪，而且孙悟空又使用了多种法术，代码如下：

```
def complex_battle(*monster_names, **magic_powers):
    for monster in monster_names:
        print(f"孙悟空正在与 {monster} 激烈战斗！")
    for power, description in magic_powers.items():
        print(f"孙悟空施展了 {power} 法术，其威力：{description}")
complex_battle("牛魔王", "大鹏金翅雕", fly="瞬间飞到高空", strength_enhance="力量大幅增强")
# 输出 孙悟空正在与 牛魔王 激烈战斗！
# 输出 孙悟空正在与 大鹏金翅雕 激烈战斗！
# 输出 孙悟空施展了 fly 法术，其威力：瞬间飞到高空
# 输出 孙悟空施展了 strength_enhance 法术，其威力：力量大幅增强
```

程序运行结果如图 4-12 所示。

```
孙悟空正在与 牛魔王 激烈战斗！
孙悟空正在与 大鹏金翅雕 激烈战斗！
孙悟空施展了 fly 法术，其威力：瞬间飞到高空
孙悟空施展了 strength_enhance 法术，其威力：力量大幅增强
```

图 4-12　结合使用 *args 和 **kwargs 程序运行结果

通过这种方式，我们可以在一个函数中同时处理不确定数量的位置参数和关键字参数，使得函数的功能更加灵活和强大。就像在《西游记》中，面对各种未知的挑战和情况，师徒四人总能随机应变，而在 Python 中，*args 和 **kwargs 为我们提供了类似的灵活性和应变能力。

函数的参数传递

任务 4.3　函数的特殊形式

知识梳理

在 Python 中，函数的特殊形式主要包括匿名函数（lambda 函数）、递归函数、嵌套函数、闭包函数等，这些特殊的函数在编程实践中扮演着重要的角色。

4.3.1 匿名函数（lambda 函数）

匿名函数，即没有名字的函数，其函数体只有一条语句，该语句的运算结果就是函数的返回值。匿名函数的基本语法格式如下：

```
lambda [ 参数 1, 参数 2, ..., 参数 n]: 表达式
```

说明： lambda 函数常用在临时需要一个类似函数功能，但又不想定义函数的场合。

在《西游记》中，孙悟空拥有七十二变的神通，每次变化都能迅速应对不同的情况。就像 Python 中的匿名函数一样，它能够在需要的时候迅速出现，解决特定的问题，然后消失，不占用太多的“空间”。例如，唐僧师徒四人遇到了一群妖怪，需要快速判断每个妖怪的实力是否强大。我们可以用匿名函数来实现这个判断，代码如下：

```
# 定义一个判断妖怪实力的匿名函数
judge_power = lambda monster: monster['power'] > 1000  # 如果妖怪的力量大于 1000 就认为强大
monsters = [
        {'name': '白骨精 ', 'power': 800},
        {'name': '金角大王', 'power': 1200},
        {'name': '玉兔精', 'power': 900}
]
# 使用匿名函数进行判断
strong_monsters = [monster for monster in monsters if judge_power(monster)]
print(strong_monsters)
# 输出强大的妖怪信息 [{'name': '金角大王', 'power': 1200}]
```

程序运行结果如图 4-13 所示。

```
[{'name': '金角大王', 'power': 1200}]
```

图 4-13　匿名函数（lambda 函数）程序运行结果

上述代码中，lambda monster: monster['power'] > 1000 就是一个匿名函数，它接受一个妖怪（monster）的信息，然后返回一个布尔值，表示妖怪的实力是否强大。

微课视频

匿名函数

4.3.2 递归函数

递归函数是指在函数的定义中使用函数自身的函数，简单来说，就是一个函数直接或间接地调用了自身。递归函数的基本语法格式如下：

```
def function(parameter):
    # 基准情况（终止条件）
    if condition:
        return value
    # 递归步骤
    else:
        return function(modified_parameter)
```

说明：递归函数有两个基本要素：基准情况和递归步骤。基准情况是递归的终止条件。如果没有基准情况，那么递归将无限地进行下去，最终导致程序崩溃。例如，计算阶乘时，当输入为 0 或 1 时，直接返回 1，这就是基准情况。递归步骤在函数中调用自身，并朝着基准情况前进。在《西游记》中，孙悟空为了打败妖怪，有时需要深入妖怪的洞穴一探究竟。孙悟空进入一个多层的洞穴，每一层都可能有妖怪或者通往下一层的通道，他不断地深入下一层，直到找到最终的目标或者没有路可走了才返回。这个深入洞穴的过程就有点像 Python 中的递归函数。假设我们要计算唐僧师徒四人经过的山峰数量，每座山又有若干个子山峰，子山峰可能还有更低级的子山峰，我们可以用递归函数来实现这个统计，代码如下：

```
def count_peaks(mountain, depth=0):
# 假设 mountain 是一个字典，包含 'name'（山的名字）和 'sub_peaks'（子山峰列表）
    print("  " * depth + "正在查看" + mountain['name'])
    peak_count = 1 # 当前这座山算一个
    for sub_peak in mountain['sub_peaks']:
        peak_count += count_peaks(sub_peak, depth + 1)
        return peak_count
# 示例的山峰数据
mountain_data = {
        'name': '花果山',
        'sub_peaks': [
                {'name': '水帘洞峰', 'sub_peaks': []},
                {'name': '七十二洞峰', 'sub_peaks': [
                        {'name': '清风洞峰', 'sub_peaks': []},
                        {'name': '明月洞峰', 'sub_peaks': []}
                ]}
        ]
}
total_peaks = count_peaks(mountain_data)
print("总共经过的山峰数量为 :", total_peaks)
# 输出正在查看 花果山
# 输出   正在查看 水帘洞峰
# 输出   正在查看 七十二洞峰
# 输出     正在查看 清风洞峰
# 输出     正在查看 明月洞峰
# 输出总共经过的山峰数量为: 5
```

程序运行结果如图 4-14 所示。

```
正在查看 花果山
  正在查看 水帘洞峰
  正在查看 七十二洞峰
    正在查看 清风洞峰
    正在查看 明月洞峰
总共经过的山峰数量为: 5
```

图 4-14　递归函数程序运行结果

上述代码中，count_peaks 函数不断地调用自身来计算子山峰的数量，就像孙悟空不断地深入洞穴一样，直到没有子山峰了才停止，然后逐层返回计算的结果。

使用递归函数，可以使代码更简洁、直观，能够用简洁的方式解决一些复杂的问题，符合某些问题的自然逻辑，例如树形结构的遍历。但需要注意的是，递归函数使用时必须有基准情况，否则会导致无限递归。递归可能会导致栈溢出错误，特别是在处理大规模数据时，因为每次递归调用都会消耗一定的内存用于存储函数的状态。

微课视频

递归函数

4.3.3 嵌套函数

嵌套函数是指在一个函数内部定义另一个函数，外层函数包含内层函数的定义，内层函数可以在外层函数的作用域内被调用和使用。嵌套函数的基本语法格式如下：

```
def outer_function():
    # 外层函数的代码
    def inner_function():
        # 内层函数的代码
        pass
    # 在外层函数中可以调用内层函数
    inner_function()
```

说明：内层函数只能在外层函数内部被访问和调用，有助于保护函数内部的逻辑和数据，增强代码的安全性和封装性。假设我们有一个函数叫做 journey_to_india()，它代表唐僧师徒四人的取经之路。在旅途中，他们遇到了很多困难和挑战，每一个挑战都可以被视为一个小函数。我们将其中一个挑战，比如“三打白骨精”，作为一个嵌套函数放在 journey_to_india() 内部，代码如下：

```
def journey_to_india():
    print("唐僧师徒四人开始踏上取经之路 ...")
    # 这是一个嵌套函数，代表 "三打白骨精" 的挑战
    def fight_white_skeleton_monster():
        print("唐僧师徒遇到了白骨精，开始了激烈的战斗 ...")
        print("孙悟空三次识破白骨精的变身，最终将其击败！")
    # 在主函数中调用嵌套函数
    fight_white_skeleton_monster()
    print("唐僧师徒继续前行 ...")
# 调用主函数
journey_to_india()
# 输出 唐僧师徒四人开始踏上取经之路 ...
# 输出 唐僧师徒遇到了白骨精，开始了激烈的战斗 ...
# 输出 孙悟空三次识破白骨精的变身，最终将其击败！
# 输出 唐僧师徒继续前行 ...
```

程序运行结果如图 4-15 所示。

```
唐僧师徒四人开始踏上取经之路...
唐僧师徒遇到了白骨精，开始了激烈的战斗...
孙悟空三次识破白骨精的变身，最终将其击败！
唐僧师徒继续前行...
```

图 4-15　嵌套函数程序运行结果

上述代码中，journey_to_india() 函数代表整个取经之旅。在这个函数中，我们定义了一个嵌套函数 fight_white_skeleton_monster()，它代表“三打白骨精”的挑战。当我们调用 journey_to_india() 函数时，它会首先输出取经之旅的开始，然后调用嵌套函数 fight_white_ skeleton_monster() 来模拟“三打白骨精”的情节，最后继续输出取经之旅的其他部分。

需要注意的是，嵌套函数只能在包含它的函数内部被调用。嵌套函数可以访问其包含函数的作用域内的变量，这称为闭包，将在下一小节详细讲解，但在这个例子中，我们没有使用到这一点。嵌套函数对于组织代码和抽象逻辑很有用，但它们也可能使代码更难以理解和维护，因此在使用时需要谨慎。

4.3.4 闭包函数

闭包函数是一种特殊的嵌套函数，是指在一个函数内部定义另一个函数，并且内部函数可以引用外部函数的变量，即使外部函数已经执行完毕，内部函数仍然能够记住并访问外部函数的变量。闭包函数的基本语法格式如下：

```
def outer_function(outer_parameters):
    outer_variables = something  # 外部函数中的变量
    def inner_function(inner_parameters):
        # 在这里可以使用 outer_variables 和 inner_parameters 进行操作
        return some_value
    return inner_function
```

说明： 闭包函数可以访问其外部函数的变量，即使外部函数已经返回。闭包函数将相关的环境（外部函数的变量）与函数本身绑定在一起，形成一个“封闭”的单元。例如，唐僧师徒四人在取经途中，遇到了不同的妖怪，孙悟空需要根据妖怪的特点来准备不同的战斗策略。我们可以用闭包函数来模拟这个过程，代码如下：

```
def prepare_strategy(monster_type):
    def specific_strategy():
        if monster_type == '白骨精':
            print("用火眼金睛识破她的伪装")
        elif monster_type == '金角大王':
            print("小心他的法宝")
        else:
            print("根据具体情况灵活应对")
    return specific_strategy
# 针对白骨精的策略
strategy_for_bai_gujing = prepare_strategy('白骨精')
strategy_for_bai_gujing()  # 调用闭包函数，输出相应的策略
# 输出 用火眼金睛识破她的伪装
# 针对金角大王的策略
strategy_for_jin_jiao_da_wang = prepare_strategy('金角大王')
strategy_for_jin_jiao_da_wang()  # 调用闭包函数，输出相应的策略
# 输出 小心他的法宝
```

程序运行结果如图 4-16 所示。

```
用火眼金睛识破她的伪装
小心他的法宝
```

图 4-16　闭包函数程序运行结果

上述代码中，定义了一个外部函数 prepare_strategy，它接受一个参数 monster_type 并定义了一个内部函数 specific_strategy，该内部函数可以访问外部函数 prepare_strategy 的 monster_type 参数。当我们调用 prepare_strategy 函数并传入具体的妖怪名称时，它返回了一个闭包（即内部函数 specific_strategy 的引用，此时它已经“记住”了外部函数的 monster_type 参数）。我们将这个闭包赋值给 strategy_for_bai_gujing 和 strategy_for_jin_jiao_da_wang，然后可以随时调用它，即使外部函数 prepare_strategy 已经执行完毕，内部函数也能够访问并使用这个参数来执行特定的操作。

4.3.5 装饰器函数

Python 的装饰器函数是一种高级特性，允许我们在不修改原有函数代码的情况下，为函数添加额外的功能。装饰器本质上是一个接受函数作为参数并返回一个新函数的函数，这个新函数通常会在调用原始函数前后执行一些额外的代码，从而实现对原始函数的装饰。装饰器函数的基本语法格式如下：

```
def decorator_function(original_function):
    def wrapper(*args, **kwargs):
        # 这里是在调用原始函数前添加的新功能
        before_call_code()
        result = original_function(*args, **kwargs)
        # 这里是在调用原始函数后添加的新功能
        after_call_code()
        return result
    return wrapper
# 使用装饰器
@decorator_function
def target_function(arg1, arg2):
    pass
```

说明： decorator_function 是一个装饰器函数，它接受一个函数作为参数（即要被装饰的原始函数 original_function）。该装饰器函数内部定义了一个函数 wrapper，它是实际上会被调用的新函数。在 wrapper 函数内部，我们可以在调用原始函数前后添加额外的功能（通过 before_call_code() 和 after_call_code() 表示）。*args 和 **kwargs 用于接收原始函数可能的任意参数。@decorator_function 是装饰器的语法糖，放在要被装饰的函数（如 target_function）定义之前。它的作用是将 target_function 作为参数传递给 decorator_function，然后将返回的 wrapper 函数替换掉原来的 target_function。这样，当调用 target_function 时，实际上调用的是经过装饰的 wrapper 函数，从而实现了在原始函数前后添加新功能的目的。

我们以《西游记》中孙悟空的神通变化为例来讲解 Python 装饰器函数。假设我们有一个函数代表孙悟空的普通技能，如“孙悟空的常规战斗”，现在我们想要给孙悟空增加一个“火眼金睛”的能力，也就是在他进行常规战斗之前先使用火眼金睛观察一下。我们可以创建一个装饰器函数来实现这个功能，代码如下：

```
01  #fire_eyes_decorator 函数代表给孙悟空增加一个“火眼金睛”的能力
02  def fire_eyes_decorator(func):
03      def wrapper():
04          print("孙悟空使用火眼金睛观察")
05          func()
06      return wrapper
07  # 使用装饰器
08  @fire_eyes_decorator
09  #normal_fight 函数代表孙悟空的普通技能
10  def normal_fight():
11      print("孙悟空进行常规战斗")
12  # 调用 normal_fight 函数
13  normal_fight()
14  # 输出 孙悟空使用火眼金睛观察
15  # 输出 孙悟空进行常规战斗
```

程序运行结果如图 4-17 所示。

```
孙悟空使用火眼金睛观察
孙悟空进行常规战斗
```

图 4-17　装饰器函数程序运行结果

上述第 1 ～ 6 行代码中，fire_eyes_decorator 就是装饰器函数，它接受一个函数 func 作为参数。内部定义了一个 wrapper 函数，在 wrapper 函数中，首先执行了额外的功能（孙悟空使用火眼金睛观察），然后再调用被装饰的函数 func（进行常规战斗），最后，装饰器函数返回 wrapper 函数。第 8 ～ 11 行代码中，要使用装饰器来装饰 normal_fight 函数，可以使用 @ 符号，将装饰器放在被装饰函数的定义上方。第 12 ～ 13 行代码中，当调用 normal_fight 函数时，实际上执行的是装饰器返回的 wrapper 函数的逻辑，即在执行常规战斗之前先使用火眼金睛观察。

通过装饰器，我们在不修改 normal_fight 函数本身代码的情况下，为其添加了额外的功能（使用火眼金睛观察），这体现了装饰器的作用——在不改变原有函数源代码和调用方式的基础上，增加额外的功能。当然，装饰器还可以进行更复杂的操作，例如处理函数的参数、多个装饰器叠加使用等。多个装饰器叠加使用时执行的顺序是从下往上，同学们可以课后进行拓展学习。

任务 4.4　模块

在 Python 中，模块就好比《西游记》中的各路神仙和法宝，它们各自有着独特的功能，能够在特定的时候发挥巨大的作用。

4.4.1 模块的概念

Python 模块是一个包含 Python 代码的文件（.py 后缀），可封装相关函数、类等，用于组织代码、提高可重用性和可维护性。

Python 中的模块可分为三类，分别是内置模块、第三方模块和自定义模块，相关介绍如下：

（1）内置模块即 Python 自带的模块，如 math、random、os 等，提供了丰富的基本功能，无须额外安装即可直接使用，涵盖数学计算、随机数生成、操作系统交互等各种领域。

（2）第三方模块是由其他开发者编写并发布的模块，如 NumPy、Pandas、Requests 等。这些模块极大地扩展了 Python 的功能，可以通过包管理工具如 pip 进行安装，在科学计算、数据处理、网络请求等方面发挥重要的作用。

（3）自定义模块则是开发者根据自己的需求编写的模块，将特定功能的代码封装在一个 .py 文件中，方便在不同项目中重复使用，提高代码的组织性和可维护性。

4.4.2 模块的导入与使用

Python 模块的导入方式主要分为基本导入语句、导入特定内容和导入时设置别名。

1. 基本导入语句

使用 import 语句后跟模块名称来导入整个模块，语法格式如下：

```
import 模块 1, 模块 2,...
```

import 支持一次导入多个模块，每个模块之间使用逗号分隔。导入之后，就可以使用模块中的所有函数、类和变量，通过使用“.”来使用模块中的函数或类，但在使用时需要通过模块名来引用。例如，要使用 math 模块中的 sqrt 函数来计算平方根，代码如下：

```
import math
result = math.sqrt(9)
print(result)
# 输出 3.0
```

2. 导入特定内容

使用 from...import... 语句可从模块中导入特定的函数、类或变量，该种方式不需要添加前缀，可以像使用当前程序中的内容一样使用模块中的内容，语法格式如下：

```
from 模块名 import 函数 / 类 / 变量
```

from...import... 支持一次导入多个函数、类或变量，多个函数、类或变量之间使用逗号分隔。例如，要使用 math 模块中的 π 变量和 sqrt 函数，代码如下：

```
from math import sqrt, pi
print(pi)
# 输出 3.141592653589793
result = sqrt(16)
print(result)
# 输出 4.0
```

如果需要导入模块中的全部内容，那么可使用通配符“*”，语法格式如下：

```
from 模块名 import  *
```

3. 导入时设置别名

当模块名较长或者为了避免命名冲突时，可以使用 import...as 语句给模块起一个别名，语法格式如下：

```
import 模块名 as 别名
```

例如，可以使用 np 来代替 numpy 进行操作。比如创建一个数组，代码如下：

```
import numpy as np
arr = np.array([1, 2, 3, 4, 5])
print(arr)
```

当然，对于从模块中导入的特定内容也可以起别名，例如，可以使用 square_root 来代替 math 模块中的 sqrt 函数进行操作，代码如下：

```
from math import sqrt as square_root
result = square_root(25)
print(result)
# 输出 5.0
```

4.4.3 常用内置模块

1. math 模块

该模块包括常用的数学函数，如三角函数（sin、cos、tan 等）、对数函数（log、log10 等）、开方函数（sqrt）、圆周率常量（pi）等。

假设我们要计算半径为 r=5 的圆的面积，根据圆的面积公式 ，我们可以使用 math 模块中的 pi 常量和幂运算函数来实现，代码如下：

```
import math
r = 5
area = math.pi * r ** 2
print(f"圆的面积为 : {area}")
```

代码说明：在这个例子中，我们首先导入了 math 模块；然后，使用 math.pi 获取圆周率的值，将半径 r 进行平方运算后与圆周率相乘，得到圆的面积；最后，使用 print 函数将结果输出。

2. random 模块

该模块介绍如何生成随机数，包括随机整数（randint）、随机浮点数（random）、从序列中随机选择元素（choice）等函数。

在现代网络环境中，安全的随机密码对于保护账户安全至关重要。一个强密码通常包含字母（大写和小写）、数字和特殊字符，并且具有足够的长度和随机性。实现生成随机密码，代码如下：

```
01 import random
02 characters = "abcdefghijklmnopqrstuvwxyzABCDEFGHIJKLMNOPQRSTUVWXYZ0123456789!@#$%
03 ^&*()_+"
04 password_length = 12
05 password = "".join(random.choice(characters) for _ in range(password_length))
06 print(f"随机生成的密码为：{password}")
```

代码说明：在这个例子中，第 1 行代码是导入 random 模块；第 2～3 行代码定义一个包含各种可能字符的字符串，包括大写字母、小写字母、数字和特殊字符；第 4 行代码随机选择一定长度的字符组成密码，如生成一个长度为 12 的密码；第 5～6 行代码先使用列表推导式和 random.choice 函数从 characters 字符串中随机选择字符，然后使用 "".join 方法将这些字符连接成一个字符串作为密码。

3. os 模块

该模块讲解与操作系统交互的功能，如文件和目录操作，包括获取当前工作目录（getcwd）、改变目录（chdir）、创建目录（mkdir）、删除目录（rmdir）、文件重命名（rename）等函数。

假设我们要获取当前工作目录，代码如下：

```
import os
current_directory = os.getcwd()
print(f"当前工作目录为 : {current_directory}")
```

代码说明：在这个例子中，首先导入 os 模块，然后使用 os.getcwd() 函数获取当前工作目录的路径，并将其赋值给 current_directory 变量，最后使用 print 函数输出当前工作目录的路径。

4. time 模块

该模块包括获取当前时间的函数（time）、时间格式化函数（strftime）、暂停程序执行的函数（sleep）等。

假设我们要实现每隔 5 秒输出一次当前时间，使用 while 循环和 time.sleep() 函数来实现定时打印功能，代码如下：

```
import time
while True:
```

```
print(time.ctime())
time.sleep(5)
```

在这个例子中，time.ctime() 函数用于获取当前时间的字符串表示，然后使用 print() 函数输出。time.sleep(5) 则让程序暂停 5 秒，之后再重复执行这个过程，从而实现每隔 5 秒打印一次当前时间的功能。

4.4.4 模块的高级特性

在 Python 模块教学环节中，模块的高级特性包括：（1）模块的搜索路径，它决定了 Python 在导入模块时查找模块文件的顺序，涉及当前目录、标准库及其他默认路径，可通过如设置 PYTHONPATH 环境变量等方式解决不同目录结构下的模块导入问题；（2）模块的打包和分发，它们能将多个相关模块整合为便于复用和分发的库或包，虽涉及 setup.py 文件及 setuptools、wheel 等工具，但教学中仅作简要了解；（3）模块的循环依赖问题，即多个模块相互依赖形成循环，可通过重新设计模块结构或延迟导入等方法来解决。

这些高级特性进一步拓展了学生对 Python 模块的深入理解和应用能力，有助于更复杂项目的开发和代码的优化管理。

知识拓展

Python 的内置函数是 Python 语言中预定义的函数，这些函数可以在不导入任何模块的情况下直接使用。它们帮助我们进行基本的输入输出操作、数据类型转换、数学计算、集合操作等，极大地方便了编程。

1. 数据类型转换函数

数据类型转换函数用于在不同数据类型之间进行转换。

int(x)：将 x 转换为整数。例如，int('10') 返回 10。

float(x)：将 x 转换为浮点数。例如，float('10.5') 返回 10.5。

str(x)：将 x 转换为字符串。例如，str(10) 返回 '10'。

bool(x)：将 x 转换为布尔值。例如，bool(0) 返回 False，bool(1) 返回 True。

list(x)：将可迭代对象 x 转换为列表。例如，list('abc') 返回 ['a', 'b', 'c']。

tuple(x)：将可迭代对象 x 转换为元组。例如，tuple([1, 2, 3]) 返回 (1, 2, 3)。

set(x)：将可迭代对象 x 转换为集合。例如，set([1, 2, 2, 3]) 返回 {1, 2, 3}。

dict(x)：将可迭代对象 x 转换为字典，x 必须是键值对的迭代对象。

2. 数学函数

数学函数提供对数字的基本运算功能。

abs(x)：返回 x 的绝对值。例如，abs(-10) 返回 10。

pow(x, y)：返回 x 的 y 次方，等价于 x**y。例如，pow(2, 3) 返回 8。

round(x, n)：将 x 四舍五入到 n 位小数。如果 n 省略，则默认舍入到整数。例如，round(10.456, 2) 返回 10.46。

sum(iterable)：返回可迭代对象中所有元素的和。例如，sum([1, 2, 3]) 返回 6。

max(iterable)：返回可迭代对象中的最大值。例如，max([1, 2, 3]) 返回 3。

min(iterable)：返回可迭代对象中的最小值。例如，min([1, 2, 3]) 返回 1。

divmod(x, y)：同时返回 x 除以 y 的商和余数。例如，divmod(10, 3) 返回 (3, 1)。

项目小结

在本项目中，我们详细学习了 Python 函数的相关知识和技能。通过本项目的学习，我们掌握了函数的定义、调用、作用域、返回值和参数传递等概念。这些知识和技能对于实际编程任务中的数据处理和功能实现非常重要，为后续更复杂的编程任务和项目开发打下了坚实的基础。

课后习题

一、单项选择题

1. 以下哪种方式可以正确定义和调用一个 Python 函数？（　　）

   A. def my_function() print("Hello")

   B. def my_function(): print("Hello")

   C. function my_function() {print("Hello") }

   D. def my_function(): return “Hello”

2. 使用关键字参数传递函数参数的正确示例是（　　）。

   A. my_function(param1, param2 = value2)

   B. my_function(param1 = value1, param2)

   C. my_function(param1 = value1, param2 = value2)

   D. my_function(param1, param2 = value2, param3)

3. 关于递归函数，以下说法正确的是（　　）。

   A. 递归函数必须有一个基准条件以防止无限递归

   B. 递归函数不能调用其他函数

   C. 递归函数必须返回整数

   D. 递归函数只能处理整数

4.【Python 二级真题】在 Python 中，通过（　　）函数查看字符的编码。

   A. int( )　　B. ord( )　　C. chr( )　　D. yolk( )

5.【Python 二级真题】以下关于函数的描述，正确的是（　　）。

   A. 函数的全局变量是列表类型时，函数内部不可以直接引用该全局变量

B. 如果函数内部定义了与外部的全局变量同名的组合数据类型的变量，则函数内部引用的变量不确定

C. Python 的函数如果引用了一个组合数据类型变量，就会创建一个该类型对象

D. 函数的简单数据类型全局变量在函数内部使用的时候，需要显式声明为全局变量

6.【Python 二级真题】以下关于 Python 内置函数的描述，错误的是（　　）。

A. id( ) 返回一个变量的一个编号，是其在内存中的地址

B. all(ls) 返回 True，如果 ls 的每个元素都是 True

C. type( ) 返回一个对象的类型

D. sorted( ) 对一个序列类型数据进行排序，将排序后的结果写回到该变量中

7. 以下关于函数参数默认值的说法，正确的是（　　）。

A. 函数参数的默认值只能设置为不可变类型

B. 有默认值的参数必须放在无默认值的参数的后面

C. 函数定义时，可以不设置任何参数的默认值

D. 函数调用时，如果为有默认值的参数提供了值，那么该参数将使用提供的值，而不是默认值

8.【Python 二级真题】以下关于模块导入的说法，正确的是（　　）。

A. 一个模块只能被导入一次

B. 导入模块会执行模块中的所有代码

C. 只能使用 import 关键字导入模块

D. 导入模块后不能使用模块中的变量名重新定义变量

9. 在 Python 中，以下哪个选项是正确导入特定模块函数的方式？（　　）。

A. from math import sqrt　　B. import math.sqrt

C. load math.sqrt　　D. include math.sqrt

10. 自定义模块中，如果想要控制某些函数和变量不被其他模块导入，可以使用（　　）。

A. 私有变量命名规则（以单个下划线开头）

B. 私有函数命名规则（以两个下划线开头）

C. 在模块中设置一个特殊的变量，如 all

D. 将不需要被导入的函数和变量放在一个单独的文件中

二、编程题

1. 定义一个函数 calculate_area，根据输入的形状（如“circle”“rectangle”）和相应的参数（如半径、长和宽）计算面积，并返回结果。调用该函数计算圆的面积（半径为 5）和矩形的面积（长为 4，宽为 6）。

2. 定义一个函数 introduce_character，接受角色名称和武器名称两个参数，输出角色及其使用的武器。调用该函数时，分别使用位置参数和关键字参数传递角色名称为“孙悟空”、武器名称为“金箍棒”。

3. 定义一个递归函数 factorial，计算给定整数的阶乘。调用该函数计算 5 的阶乘，并输出结果。

项目 5

Python 标准库

学习目标

知识目标：

◆ 了解 Python 标准库的概念和作用。
◆ 熟悉常见的 Python 标准库模块。
◆ 理解标准库中不同模块的使用场景。

技能目标：

◆ 能够熟练导入和使用 Python 标准库中的模块。
◆ 利用 random 模块进行数学计算和随机数生成。
◆ 能够阅读标准库模块的文档。

素养目标：

◆ 培养规范编程的意识，遵循 Python 标准库的使用规范。
◆ 培养自主学习和探索精神。
◆ 提升团队协作能力。

项目描述

Python 标准库（Python Standard Library）是 Python 编程语言自带的模块和包的集合，提供了广泛的功能，帮助开发者解决常见编程任务。标准库的设计旨在提供便捷和一致的工具，使开发者能够专注于解决问题的核心部分，而不必重复实现常见的功能。

本项目详细介绍了 Python 标准库中的核心模块和包，使读者能够熟练应用这些工具来开发高效、可靠的 Python 应用程序。典型的标准库有 turtle 库、time 库、random 库和 tkinter 库等。

知识导图

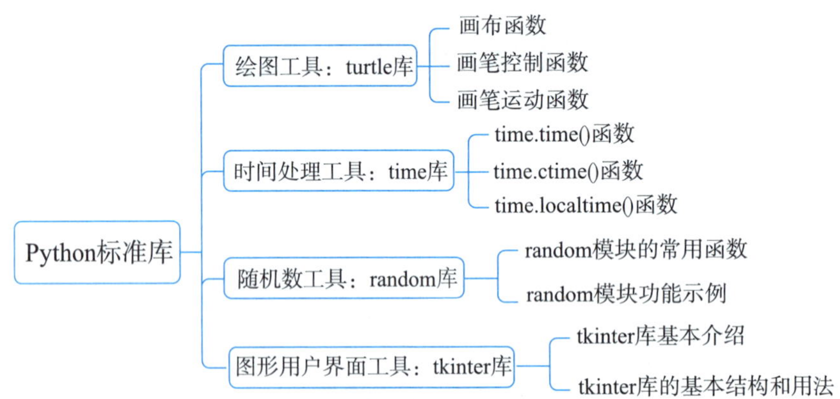

任务 5.1 绘图工具：turtle 库

典型案例

绘制科赫雪花

科赫雪花是计算机图形学中的经典分形图案，通过递归算法生成复杂的雪花形状。该案例旨在演示如何使用 Python 的 turtle 库绘制科赫雪花，帮助读者理解递归的基本原理和图形绘制技术。代码如下：

```
import turtle
def koch_curve(t, length, depth):                # 定义绘制科赫曲线的函数
    if depth == 0:                               # 递归深度为 0 时，直接绘制一条直线
        t.forward(length)
    else:
        length /= 3.0                            # 递归深度不为 0 时，将边长三等分
        koch_curve(t, length, depth-1)           # 递归调用函数绘制第一部分
        t.left(60)                               # 转向左 60 度
        koch_curve(t, length, depth-1)           # 递归调用函数绘制第二部分
        t.right(120)                             # 转向右 120 度
        koch_curve(t, length, depth-1)           # 递归调用函数绘制第三部分
        t.left(60)                               # 转向左 60 度
```

```
            koch_curve(t, length, depth-1)                # 递归调用函数绘制第四部分
def draw_koch_snowflake(length, depth):                   # 初始化 turtle 画布和 turtle 对象
    wn = turtle.Screen()                                  # 创建一个屏幕对象
    wn.bgcolor("white")                                   # 设置屏幕背景颜色为白色
    t = turtle.Turtle()                                   # 创建一个 turtle 对象
    t.speed(0)                                            # 设置 turtle 的绘图速度
    for _ in range(3):                                    # 绘制科赫雪花的三条边
        koch_curve(t, length, depth)                      # 调用 koch_curve 函数绘制一条边
        t.right(120)                                      # 转向右 120 度，准备绘制下一条边
    t.hideturtle()                                        # 隐藏 turtle
    wn.mainloop()                                         # 保持窗口打开状态，直到用户关闭
draw_koch_snowflake(300, 4)                               # 调用绘制函数，设置边长为 300，递归深度为 4
```

程序运行结果如图 5-1 所示。

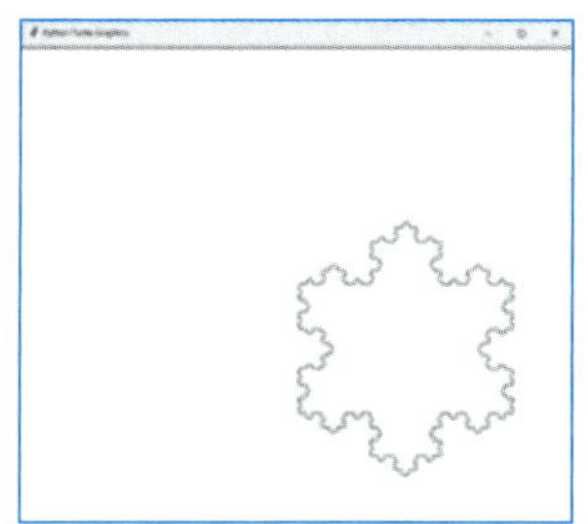

图 5-1　科赫雪花

案例说明

科赫曲线是由瑞典数学家赫尔格·冯·科赫（Helge von Koch）在 1904 年提出的分形曲线。生成科赫曲线的规则如下：

（1）从一个等边三角形开始，每条边都为递归基准。

（2）将每条边三等分。

（3）将中间部分替换为一个由两个新的等边三角形构成的“尖角”。

（4）对新生成的每条边重复上述步骤，直到达到指定的递归深度。

科赫曲线实现步骤：

（1）设置递归深度和边长：在绘制过程中，我们需要指定递归深度（即迭代次数）和初始边长。递归深度决定了科赫雪花的复杂程度。

（2）定义递归函数：使用递归函数 koch_curve 来绘制科赫曲线。该函数接收 turtle 对象、边长和递归深度作为参数。根据递归深度，函数会将边长分为三等分，并分别绘制四个部分。

（3）初始化 turtle 画布和对象：使用 turtle.Screen() 创建绘图窗口，并设置背景颜色。使用 turtle.Turtle() 创建一个 turtle 对象，设置其绘图速度。

（4）绘制科赫雪花：调用递归函数 koch_curve 绘制三条科赫曲线，每次转向 120 度，最终形成一个雪花图案。

（5）保持绘图窗口打开：使用 wn.mainloop() 保持绘图窗口打开，直到用户关闭。

知识梳理

绘图工具：turtle 库

turtle 库是 Python 的标准库之一，专为绘图和图形展示设计，模仿了传统 LOGO 语言中的 turtle 绘图。它提供了一种直观、易学的方式，通过控制一个“海龟”在屏幕上移动来绘制图形，非常适合编程入门者和教育用途。turtle 库中有许多操纵 turtle 绘图的命令，这些命令大致可以划分为以下几种：画布函数、画笔控制函数、画笔运动函数。

5.1.1 画布函数

turtle 库中的画布函数（也称为屏幕控制函数）用于设置和控制绘图窗口的属性和行为。以下是一些常用的画布函数及其详细说明。

1. Screen( ) 函数

语法：turtle.Screen()。

功能：创建并返回一个新的屏幕对象，可以用来控制窗口的属性和行为。通常，在高级控制中使用此对象而不是全局函数。

2. setup( ) 函数

语法：turtle.setup(width = None, height = None, startx = None, starty = None)。

功能：设置绘图窗口的大小和初始位置。

参数说明：width(int)，窗口的宽度，以像素为单位，默认全屏宽度；height(int)，窗口的高度，以像素为单位，默认全屏高度；startx(int)，窗口左上角的 x 坐标位置，可选；starty (int)，窗口左上角的 y 坐标位置，可选。

3. screensize( ) 函数

语法：turtle.screensize(canvwidth = None, canvheight = None, bg = None)。

功能：设置画布的大小和背景颜色。这与 setup 的作用不同，setup 设置窗口大小，而 screensize 设置画布大小。

参数说明：canvwidth(int)，画布的宽度，以像素为单位，默认值为 400；canvheight(int)，画布的高度，以像素为单位，默认值为 300；bg(str)，背景颜色，可选。

关于画布函数的综合案例代码如下：

```
import turtle
# 创建屏幕对象
screen = turtle.Screen()
# 设置窗口标题和背景颜色
screen.title("Turtle Graphics Canvas Example")
screen.bgcolor("lightyellow")
# 设置窗口大小
screen.setup(width=600, height=600)
```

```
# 设置画布大小
screen.screensize(canvwidth=800, canvheight=800, bg="lightblue")
# 获取窗口宽度和高度
width = screen.window_width()
height = screen.window_height()
print(f"Window size: {width}x{height}")
# 关闭窗口
screen.bye()
```

程序运行结果如图 5-2 所示。

```
Window size: 600x600
```

图 5-2　窗口大小

5.1.2 画笔控制函数

画笔控制函数用于设置和控制“海龟”的绘图属性，包括画笔的颜色、宽度、状态（抬起或放下）等。这些函数允许用户精确控制绘图的样式和效果。以下是一些常用的画笔控制函数及其详细说明。

1. penup( ) 函数

语法：turtle.penup()。

功能：抬起画笔，使“海龟”移动时不会绘制线条。这在需要移动到绘图的不同位置而不想绘制路径时非常有用。

2. pendown( ) 函数

语法：turtle.pendown()。

功能：放下画笔，使“海龟”移动时绘制线条。这是绘制路径的默认状态。

3. pensize( ) 函数

语法：turtle.pensize(width)。

功能：设置画笔的宽度，以像素为单位。宽度会影响绘制线条的粗细。

参数说明：width(int 或 float)，画笔宽度，以像素为单位。

4. pencolor( ) 函数

语法：turtle. pencolor(color)。

功能：设置画笔的颜色。颜色可以是常见颜色名称的字符串，如 'red'，或者 RGB 色彩值的三元组，如 (255, 0, 0)。

参数说明：color（str 或 tuple），颜色名称字符串或 RGB 三元组。

其他常用的画笔控制函数见表 5-1。

表 5-1　画笔控制函数

函数	功能说明
turtle.speed(v)	设置画笔移动速度为 v（默认为 3），v 为 0 ～ 10 间的整数，无参数传入时返回画笔当前速度
turtle.fillcolor(colorstring)	绘制图形的填充颜色
turtle.color(color1, color2)	同时设置 pencolor=color1, fillcolor=color2
turtle.begin_fill()	准备开始填充图形
turtle.end_fill()	填充完成
turtle.hideturtle()	隐藏画笔的 turtle 形状
turtle.showturtle()	显示画笔的 turtle 形状

以下是使用画笔控制函数的一个示例，演示了如何设置画笔属性和绘制填充图形，代码如下：

```
import turtle
t = turtle.Turtle()
t.color("blue", "yellow")
t.pensize(5)
t.penup()
t.goto(-100, 0)
t.pendown()
t.begin_fill()
for _ in range(2):
    t.forward(200)
    t.right(90)
    t.forward(100)
    t.right(90)
t.end_fill()
turtle.done()
```

程序运行结果如图 5-3 所示。

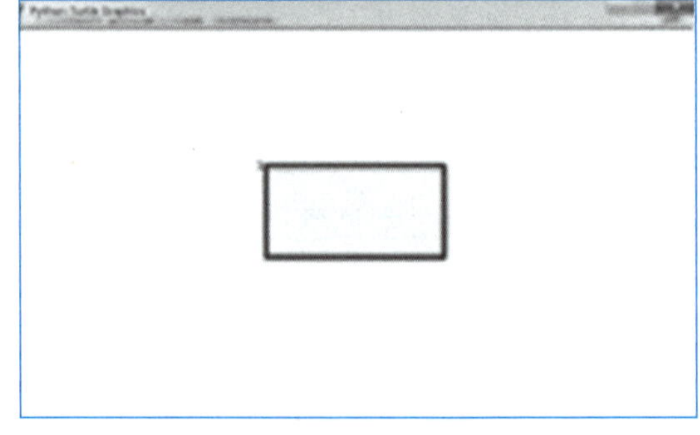

图 5-3　画笔属性和绘制填充图形

5.1.3 画笔运动函数

turtle 库的画笔运动函数用于控制“海龟”的移动和旋转。这些函数允许用户绘制各种形状和路径，通过精确控制画笔的位置和方向来创建复杂的图形。以下是常用的画笔运动函数及其详细说明。

1. forward( ) 函数

语法：turtle.forward(distance)。

功能：使“海龟”沿当前方向前进指定的距离。

参数说明：distance (float 或 int)，前进的距离，以像素为单位。

2. circle( ) 函数

语法：turtle.circle(radius, extent=None, steps=None)。

功能：绘制一个圆或圆弧。可以指定圆的半径、弧的范围以及分步绘制的步数。

参数说明：radius (float 或 int)，圆的半径，正值表示圆心在左侧，负值表示圆心在右侧；extent (float 或 int, 可选)，圆弧的范围，以度数为单位，默认绘制完整的圆；steps (int, 可选)，圆的多边形步数，步数越多，圆越接近于圆形。

其他常用的画笔运动函数见表 5-2。

表 5-2　画笔运动函数

函数	功能说明
turtle.backward(d)/turtle.bk(d)	向后移动 d 个像素
turtle.right(θ)/turtle.rt(θ)	顺时针旋转 θ度
turtle.left(θ)/turtle.lt(θ)	逆时针旋转 θ度
turtle.setheading(θ)	使画笔与 x 轴正方向的夹角为 θ度
turtle.setx(x_0)	水平移动至 $x=x_0$ 处
turtlr.sety(y_0)	竖直移动至 $y=y_0$ 处
turtle.goto(x_0, y_0)	直线移动至坐标 (x_0, y_0) 处
turtle.home()	直线移动至原点并朝向 x 轴正方向
turtle.dot(d, color)	原地绘制一个直径为 d 个像素、颜色为 color 的圆点

以下是一个使用多种画笔运动函数的示例代码，绘制一个简单的图形，代码如下：

```
import turtle
t = turtle.Turtle()
t.penup()
t.goto(-150, 0)
t.pendown()
# 绘制一个正方形
for _ in range(4):
```

```
    t.forward(100)
    t.right(90)
# 移动到新位置
t.penup()
t.goto(100, 0)
t.pendown()
# 绘制一个圆
t.circle(50)
# 完成绘图
turtle.done()
```

程序运行结果如图 5-4 所示。

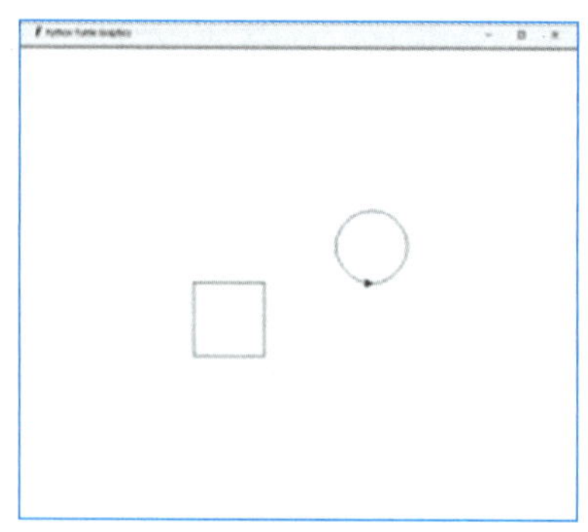

图 5-4 使用画笔运动函数绘制正方形和圆形

任务 5.2 时间处理工具：time 库

典型案例

文本进度条

在许多编程任务中，特别是在处理长时间运行的操作时，显示进度条可以帮助用户了解任务的完成情况。文本进度条是一种在控制台中显示任务进度的方式，通常用于命令行界面程序中。我们将通过一个简单的例子展示如何在 Python 中实现一个文本进度条。代码如下：

```
import time,sys
def print_progress_bar(iteration, total, length=50): # 定义文本进度条函数
    percent = ("{0:.1f}").format(100 * (iteration / float(total))) # 计算完成的百分比
    filled_length = int(length * iteration // total) # 计算进度条中已填充部分的长度
    bar = '#' * filled_length + '-' * (length - filled_length) # 构建进度条字符串：已填充部分用 '#' 表
示，未填充部分用 '-' 表示
```

```
        sys.stdout.write(f'\r|{bar}| {percent}% Complete') # 使用 '\r' 返回行首，并输出进度条和百分比
        sys.stdout.flush()# 刷新控制台输出，使进度条即时更新
        if iteration == total: # 如果任务已完成，打印新行
            sys.stdout.write('\n')
# 示例任务：模拟一个长时间运行的操作
total_steps = 100  # 设置总步骤数为 100
for i in range(total_steps): # 循环执行任务
    time.sleep(0.1)  # 模拟每个步骤的处理时间
print_progress_bar(i + 1, total_steps)  # 每个步骤完成后更新进度条
```

程序运行结果如图 5-5 所示。

```
|##################################################| 100.0% Complete
```

图 5-5 文本进度条

案例说明

进度条是一种图形表示，用于显示任务完成的百分比。常见的进度条形式包括图形界面进度条和文本进度条，其中文本进度条通常用于命令行程序，通过字符和字符串动态更新显示任务进度。一般实现文本进度条的基本步骤是首先确定任务的总工作量，并将其分解为多个小步骤，在每个步骤完成时更新进度，并将进度显示在控制台中。另外，使用特殊字符（如“#”和“.”）可以构建进度条的视觉效果。

知识梳理

Python 的 time 模块提供了一系列函数，用于处理与时间相关的操作。这些功能包括获取当前时间、格式化时间、暂停程序执行、测量时间间隔等。time 模块中的大部分函数依赖于操作系统的时间功能，因此其精度和分辨率可能会因操作系统而异。下面介绍 time 模块的常用函数及其主要功能。

5.2.1 time.time() 函数

语法：time.time()。

功能：返回当前时间的时间戳，即从 Unix 纪元（1970 年 1 月 1 日 00:00:00 UTC）到当前时间的秒数。这个时间戳是一个浮点数，包含秒和小数秒。

返回值：current_time (float)，当前时间的时间戳，以秒为单位。

5.2.2 time.ctime() 函数

语法：time.ctime([secs])。

功能：将时间戳转换为一个可读的字符串形式。如果不提供参数，则返回当前时间的

字符串形式。

返回值：time_string(str)，对应于 secs 的字符串格式的时间。

参数说明：secs（float, 可选），时间戳，以秒为单位。如果省略，则使用 time.time() 的返回值。

5.2.3 time.localtime() 函数

语法：time.localtime([secs])。

功能：将时间戳转换为一个包含时间信息的 struct_time 对象，表示本地时间。如果不提供参数，则使用当前时间。

返回值：secs（float, 可选），时间戳，以秒为单位。如果省略，则使用 time.time() 的返回值。

参数说明：local_time (struct_time)，包含本地时间信息的对象。

time 模块的其他常用函数见表 5-3。

表 5-3　time 模块常用函数

函数	功能说明
time.gmtime([secs])	将时间戳转换为一个 struct_time 对象，表示 UTC 时间。如果不提供参数，则使用当前时间
time.mktime(t)	将一个 struct_time 或包含时间信息的元组转换为时间戳。t 必须是本地时间
time.strftime(format[, t])	将 struct_time 或元组表示的时间转换为指定格式的字符串。如果 t 参数省略，则使用当前本地时间
time.strptime(string, format)	将字符串解析为 struct_time 对象。string 是待解析的时间字符串，format 是字符串的格式

任务 5.3　随机数工具：random 库

典型案例

随机生成验证码

生成验证码通常是在用户注册、登录或者进行身份验证时使用的一种简短的数字或字母组合。在 Python 中，可以使用 random 模块来随机生成验证码。代码如下：

```
import random
def generate_verification_code(length = 4):
```

```
    """ 生成指定长度的数字验证码 """
    digits = "0123456789"  # 定义验证码可选的数字字符
    code = ""
    for _ in range(length):
        code += random.choice(digits) # 从数字字符中随机选择一个字符并添加到验证码中
    return code
verification_code = generate_verification_code()# 生成四位数字验证码
print("生成的验证码:", verification_code)
```

程序运行结果如图 5-6 所示。

```
生成的验证码: 3813
```

图 5-6　随机生成数字验证码

案例说明

函数 generate_verification_code()：使用了 random.choice() 函数从数字字符串中随机选择字符，生成指定长度的验证码。digits = "0123456789" 定义了可供选择的数字。length = 4 参数指定生成的验证码长度，默认为四位。for _ in range(length) 循环用来生成指定长度的验证码。generate_verification_code() 函数返回生成的验证码字符串。verification_code 变量存储生成的验证码，并将其打印出来。

如果需要生成包含字母和数字的验证码，那么可以扩展 digits 字符串，代码如下：

```
import random
import string
def generate_verification_code(length = 6):
    """生成指定长度的字母和数字混合验证码"""
    chars = string.ascii_letters + string.digits
    code = ""
    for _ in range(length):
        code += random.choice(chars)
    return code
# 生成六位字母和数字混合验证码
verification_code = generate_verification_code()
print("生成的验证码:", verification_code)
```

在这个例子中，string.ascii_letters 提供了所有的字母（大写和小写），而 string.digits 提供了所有的数字。generate_verification_code() 函数可以生成包含字母和数字混合的指定长度的验证码。程序运行结果如图 5-7 所示。

```
生成的验证码: zl4pRV
```

图 5-7　随机生成字母和数字混合验证码

知识梳理

随机数工具：random 库

Python 的 random 模块提供了一系列生成随机数的函数，这些随机数可以用于模拟、测试、随机选择、数据抽样等。该模块实现了多种随机数生成器，并提供了在不同分布下生成随机数的函数。

5.3.1 random 模块的常用函数

1. random.random( ) 函数

语法：random.random()。

功能：返回一个 [0.0, 1.0) 范围内的随机浮点数。

2. random.randint( ) 函数

语法：random.randint(a, b)。

功能：返回一个 [a, b] 范围内的随机整数，包含 a 和 b。

random 模块的其他常用函数见表 5-4。

表 5-4　random 模块常用函数

函数	功能说明
random.randrange(start, stop[, step])	从 range(start, stop, step) 中随机选择一个整数
random.uniform(a, b)	生成一个在闭区间 [a, b] 内的随机浮点数
random.choice(seq)	从非空序列 seq 中随机选择一个元素
random.sample(population, k)	从总体 population 中随机选择 k 个独立的元素
random.shuffle(x)	将序列 x 随机打乱顺序
random.seed(a=None)	初始化随机数生成器。如果没有指定 a，则使用系统时间作为随机种子

5.3.2 random 模块功能示例

以下是一个综合使用 random 模块各功能的示例，代码如下：

```
import random
# 设置随机种子
random.seed(42)
# 生成一个随机浮点数
print("Random float:", random.random())
# 生成一个指定范围内的随机整数
print("Random integer:", random.randint(1, 100))
# 从列表中随机选择一个元素
```

```
fruits = ['apple', 'banana', 'cherry', 'date']
print("Random choice:", random.choice(fruits))
# 随机抽取两个元素
print("Random sample:", random.sample(fruits, 2))
# 打乱列表
random.shuffle(fruits)
print("Shuffled list:", fruits)
# 生成一个正态分布的随机数
print("Gaussian random number:", random.gauss(0, 1))
```

程序运行结果如图 5-8 所示。

```
Random float: 0.6394267984578837
Random integer: 4
Random choice: cherry
Random sample: ['banana', 'apple']
Shuffled list: ['date', 'apple', 'cherry', 'banana']
Gaussian random number: -0.938051221433234
```

图 5-8　主要功能和常用函数运行结果

任务 5.4　图形用户界面工具：tkinter 库

典型案例

使用 tkinter 库创建图形用户界面

下面是使用 tkinter 库设计的简单案例示例。这个示例创建了一个基本的图形用户界面（GUI），用户可以在其中输入关于某个话题的看法，并通过点击按钮提交他们的回答。该程序还提供了一个显示案例的功能。代码如下：

```
import tkinter as tk
import tkinter.messagebox as messagebox
# 案例内容
case_content = (
    "某校开展了一次关于社会责任感的讨论，学生们分享了自己对社会责任的理解和
看法。"
    "讨论中提到了一些关于环保、公益和社区服务的具体案例，启发学生思考如何在日常生活
中实践社会责任。"
    " 现在，请你写下你对社会责任的看法。"
)
# 提交按钮点击事件处理函数
def submit_opinion():
```

```
    opinion = entry.get("1.0", tk.END).strip()  # 获取文本框内容
    if opinion:
        messagebox.showinfo("提交成功", "感谢你的分享！")
        entry.delete("1.0", tk.END)  # 清空文本框
    else:
        messagebox.showwarning("提示","请先输入你的看法。")
# 显示案例按钮点击事件处理函数
def show_case():
    messagebox.showinfo("案例讨论", case_content)
# 创建主窗口
root = tk.Tk()
root.title("案例讨论")
# 创建并放置标签
label = tk.Label(root, text=" 请输入你对以下社会责任感的讨论的看法：")
label.pack(pady=10)
# 创建并放置文本框
entry = tk.Text(root, height=10, width=50)
entry.pack(pady=10)
# 创建并放置提交按钮
submit_button = tk.Button(root, text="提交", command=submit_opinion)
submit_button.pack(pady=5)
# 创建并放置显示案例按钮
case_button = tk.Button(root, text="查看案例", command=show_case)
case_button.pack(pady=5)
# 运行主事件循环
root.mainloop()
```

程序运行结果如图 5-9、图 5-10 所示。

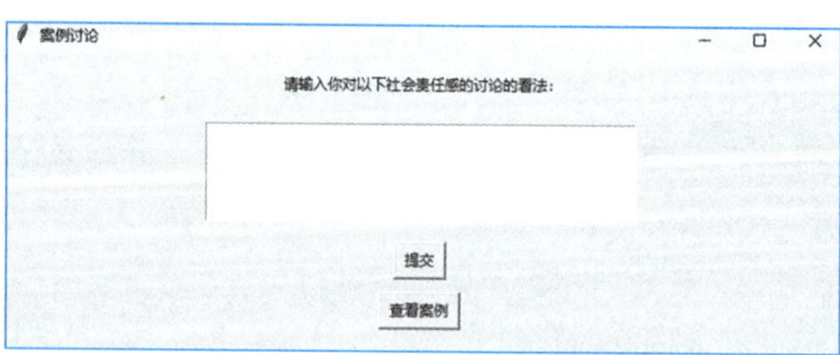

图 5-9　案例讨论页面

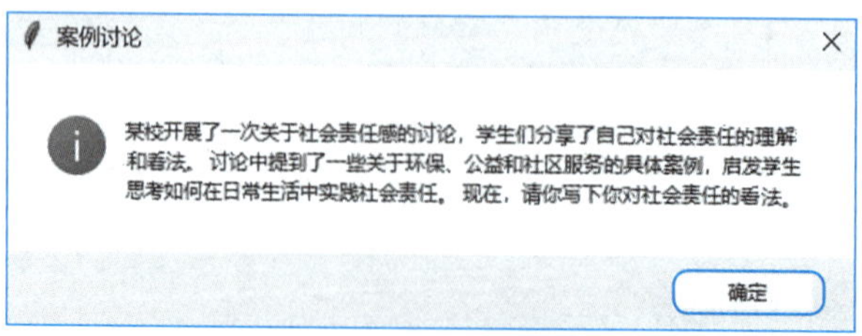

图 5-10　案例讨论结果页面

案例说明

本案例展示了如何使用 Python 的 tkinter 库创建一个简单的图形用户界面（GUI），用于素养教育中的案例讨论。该界面提供了一个文本框供用户输入他们对特定案例的看法，以及一些基本的互动功能，如提交和查看案例内容。

1. 功能设计

（1）案例展示。

界面上有一个按钮，用户点击后会弹出一个信息框，展示预先定义的案例内容。这个案例内容涉及对社会责任感的讨论，旨在引导学生思考和分享自己对社会责任的理解。

（2）用户输入和提交。

用户可以在文本框中输入他们对该案例的看法。点击“提交”按钮后，程序会显示感谢的提示，并清空文本框，方便用户进行新的输入。这个功能模拟了课堂讨论中的学生发言，便于收集学生的意见和反馈。

（3）用户提示。

如果用户尝试提交空的文本框内容，那么程序会弹出一个警告框，提示用户输入内容。这种设计提升了用户体验感，确保用户能输入有效的内容。

2. 技术实现

（1）tkinter 库。

作为 Python 的标准 GUI 库，tkinter 库提供了创建窗口、小部件（如按钮、标签、文本框）和处理事件的功能。案例中的所有界面元素都是通过 tkinter 库创建和管理的。

（2）事件处理。

提交和查看案例功能通过绑定按钮点击事件实现。点击按钮时，触发相应的回调函数来执行逻辑操作，如显示信息框、获取用户输入等。

（3）用户交互。

使用 messagebox 模块创建弹出式对话框，与用户交互，显示提示或警告信息。

3. 教育意义

这个案例展示了如何将编程技术应用于素养教育，通过互动界面促进学生对重要社会问题的思考和讨论。GUI 的设计简单直观，适合在课堂上实际应用，便于教师收集和分析学生的观点。同时，这种方式也有助于培养学生的表达能力和批判性思维能力。

知识梳理

5.4.1 tkinter 库基本介绍

tkinter 是 Python 的标准 GUI（图形用户界面）工具包，用于创建和管理窗口、按钮、文本框、菜单等各种图形界面元素，使开发者能够轻松地构建用户友好的应用程序。tkinter 是 Python 内置的模块，因此无须额外安装即可使用。

tkinter 库的主要特点和功能如下：

（1）跨平台性：tkinter 库可以在几乎所有支持 Tcl/Tk 的平台上运行，包括 Windows、macOS 和 Linux 等。

（2）简单易用：tkinter 库提供了直观且简单的 API，使得开发者能够快速创建 GUI 应用程序，适合初学者和用于快速原型开发。

（3）丰富的组件库：tkinter 库支持多种常用的 GUI 组件，如按钮、标签、文本框、复选框、单选按钮、列表框、滚动条等，以及弹出菜单和对话框等。

（4）事件驱动模型：tkinter 库使用事件驱动模型处理用户交互和用户输入，开发者可以通过绑定事件处理函数来响应用户操作。

（5）自定义性：开发者可以通过组合和自定义现有的组件来创建复杂的界面，也可以使用其他 Python 模块（如 pillow 库）来处理图像等。

5.4.2 tkinter 库的基本结构和用法

（1）导入模块：使用 import tkinter as tk 导入 tkinter 模块，通常约定使用 tk 作为别名。

（2）创建主窗口：使用 tk.Tk() 创建一个主窗口对象，作为 GUI 应用程序的根窗口。

（3）添加组件：在窗口上添加按钮、标签、文本框等组件，使用 tk.Button()、tk.Label()、tk.Entry() 等类来创建和配置组件。

（4）布局管理：使用布局管理器（如 pack()、grid()、place()）来组织和管理组件在窗口中的位置和大小。

（5）事件处理：使用 bind() 方法将事件（如按钮点击、键盘按键、鼠标移动等）与相应的事件处理函数绑定，实现交互功能。

（6）启动主循环：调用 root.mainloop() 方法启动主循环，监听并处理用户的事件和操作，保持 GUI 应用程序的运行。

以下是一个简单的 tkinter 应用程序示例，展示了如何创建一个带有按钮的窗口，并在点击按钮时弹出消息框。代码如下：

```
import tkinter as tk
from tkinter import messagebox
def show_message():
    messagebox.showinfo("消息框", "你点击了按钮！")
root = tk.Tk()
root.title("简单的 Tkinter 示例")
button = tk.Button(root, text="点击我", command=show_message)
button.pack(pady=20)
root.mainloop()
```

程序运行结果如图 5-11 所示。

图 5-11　按钮消息框

知识拓展

Python 标准库提供了广泛的功能，不需要依赖第三方库即可高效地完成各类常见操作。例如，csv 模块提供了读取、写入和解析 CSV 文件的函数与类，是数据处理中解析和生成 CSV 数据的可靠工具。代码如下：

```
import csv
# 读取 CSV 文件
with open('example.csv', mode='r') as file:
    reader = csv.reader(file)
    for row in reader:
        print(row)
# 写入 CSV 文件
with open('output.csv', mode='w', newline='') as file:
    writer = csv.writer(file)
    writer.writerow(['Name', 'Age', 'City'])
    writer.writerow(['Alice', '24', 'New York'])
```

项目小结

本项目的主要目标是帮助读者深入理解和掌握 Python 标准库的组成及应用方法。通过系统的学习，读者不仅可以了解 Python 标准库的重要性，还能够熟练运用这些库中的核心模块和包，提升解决实际问题的能力。本项目通过详细介绍几种典型的 Python 标准库，使读者掌握其基本用法和应用场景。

课后习题

一、单项选择题

1. 哪一个 Python 标准库用于生成随机数？（　　）

   A. turtle　　B. random

   C. time　　D. tkinter

2. 使用哪个库可以方便地创建图形用户界面？（　　）

   A. turtle　　B. random

   C. time　　D. tkinter

3. 以下哪一个函数可以返回当前的时间戳？（　　）

   A. time.sleep()　　B. time.time()

   C. time.ctime()　　D. time.localtime()

4. turtle 库中的哪个函数用于让“海龟”前进？（　　）

   A. turtle.backward()　　B. turtle.right()

C. turtle.forward()　　D. turtle.left()

5.【Python 二级真题】以下关于 Python 标准库的说法，错误的是（　　）。

A. 标准库是 Python 自带的库

B. 可以使用 import 语句导入标准库

C. 标准库中的 os 模块主要用于数学计算

D. 标准库提供了丰富的功能，如文件操作、网络通信等

6.【Python 二级真题】以下选项能改变 turtle 画笔颜色的是（　　）。

A. turtle.colormode()　　B. turtle.setup()

C. turtle.pd()　　D. turtle.pencolor()

二、编程题

1. 编写一个程序，使用 random 库生成一个包含 10 个随机整数的列表，范围为 1 到 100，然后输出这些随机整数的列表。

2. 使用 turtle 库编写一个程序，要求用户输入边数 *n*，然后绘制一个 *n* 边形，每个边的长度为 100 像素。

3. 使用 time 库编写一个程序，获取当前时间并将其格式化为“年 – 月 – 日 时：分：秒”的格式输出。

4. 使用 tkinter 库创建一个简单的 GUI 应用，包括一个标签、一个输入框和一个按钮。当用户在输入框中输入文本并点击按钮时，显示一个信息对话框，内容是用户输入的文本。

5.【Python 二级真题】使用 Python 标准库中的 os 模块和 shutil 模块编写一个程序来复制一个文件夹及其所有内容到另一个位置。假设源文件夹路径为 source_folder，目标文件夹路径为 destination_folder。

项目 6

第三方库

学习目标

知识目标：

- 了解 Python 第三方库的定义及在开发中的重要性。
- 熟悉 Python 包管理工具（如 pip）。

技能目标：

- 掌握常用第三方库的安装方法。
- 学习使用几种常见的第三方库。

素养目标：

- 能够利用第三方库提高开发效率，解决实际问题。
- 养成自学能力，通过阅读文档和示例代码来学习新的第三方库。

项目描述

Python 的第三方库是由社区开发者创建和维护的模块和包，提供了广泛的功能扩展，帮助开发者在各个领域内高效地完成任务。这些库涵盖了科学计算、数据分析、网络编程、机器学习、图像处理等各个方面，使得 Python 成为一种强大的通用编程语言。

本项目介绍几种常用的第三方库，如打包工具（PyInstaller 库）、分词工具（jieba 库）、词云工具（WordCloud 库）、科学计算工具（NumPy 库）和数据处理工具（Pandas 库），包括它们的安装方法、基本用法和典型应用场景。通过本项目的学习，读者将能够掌握如何利用这些库来简化和加速开发过程，学会如何在项目中选择和应用适当的第三方库，并培养其在开发过程中不断学习和探索新工具的能力。

知识导图

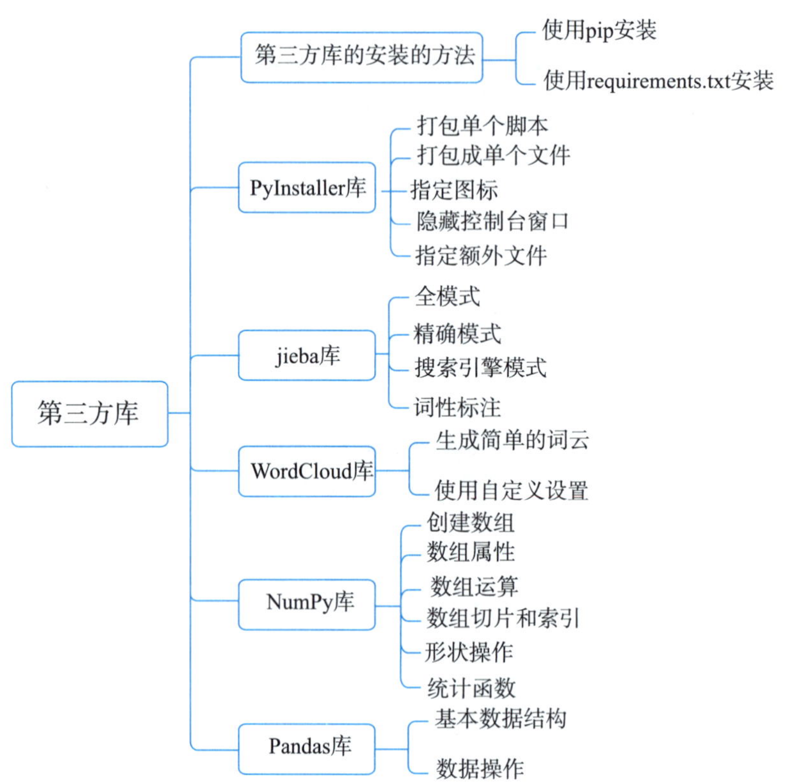

任务 6.1　第三方库的安装方法

典型案例

第三方库的安装

假设我们正在开发一个数据分析项目，该项目需要使用 NumPy 进行科学计算，使用 Pandas 进行数据处理，使用 Matplotlib 进行数据可视化，以及使用 Requests 进行网络请求。代码如下：

```
pip install numpy pandas matplotlib requests
```

案例说明

使用 pip 安装项目所需的第三方库：NumPy、Pandas、Matplotlib 和 Requests。

安装完成后，可以使用以下命令来验证是否成功安装了这些库。代码如下：

```
import numpy as np
import pandas as pd
import matplotlib.pyplot as plt
import requests
print("NumPy version:", np.__version__)
print("Pandas version:", pd.__version__)
print("Matplotlib version:", plt.__version__)
print("Requests version:", requests.__version__)
```

知识梳理

安装 Python 第三方库通常使用包管理工具 pip，这是 Python 官方推荐的包管理工具。以下是安装第三方库的常见方法。

6.1.1 使用 pip 安装

pip 是 Python 的包管理工具，用于安装和管理 Python 包。pip 的使用非常简单，只需要在命令行或终端中运行相关命令即可。

1. 基本安装命令

要安装某个第三方库，可以使用以下命令。代码如下：

```
pip install package_name
```

其中，package_name 是要安装的库的名称。

2. 安装特定版本

如果需要安装特定版本的库，那么可以指定版本号。代码如下：

```
pip install package_name == version_number
```

3. 升级已安装的库

要升级已安装的库到最新版本，可以使用此方法。代码如下：

```
pip install --upgrade package_name
```

4. 卸载库

如果需要卸载已安装的库，那么可以使用此方法。代码如下：

```
pip uninstall package_name
```

6.1.2 使用 requirements.txt 安装

在开发团队中，通常会将项目依赖的所有第三方库及其版本记录在一个 requirements.txt 文件中。要安装 requirements.txt 文件中列出的所有库，可以使用以下命令。代码如下：

```
pip install -r requirements.txt
```

可以通过以下命令生成当前环境中所有已安装库的列表：pip freeze > requirements.txt。这将创建一个包含所有已安装库及其版本的 requirements.txt 文件。

任务 6.2　PyInstaller 库

典型案例

将 Python 脚本打包成独立的可执行文件

在软件开发中，开发者经常需要将 Python 脚本分发给没有安装 Python 环境的用户。PyInstaller 是一个流行的工具，能够将 Python 应用程序打包成独立的可执行文件。这些文件包含所有的依赖，使得用户无须安装 Python 解释器和相关库即可运行程序。

将一个简单的 Python 脚本 hello.py 打包成独立的可执行文件。该脚本的功能是读取用户输入的名字，并打印一条欢迎消息。

假设有一个简单的 Python 脚本 hello.py，代码如下：

```
print("Hello, world!")
```

使用 PyInstaller 将其打包成单个可执行文件的步骤如下：

（1）打开命令行或终端，进入脚本所在目录，运行打包命令如下：

```
pyinstaller --onefile hello.py
```

（2）打包完成后，PyInstaller 会在项目目录下生成两个文件夹：build/ 和 dist/。

① build/：包含临时的打包文件。

② dist/：包含打包后的可执行文件。在 dist/ 文件夹中，你会找到 hello 或 hello.exe（在 Windows 上）文件。

案例说明

本案例展示了如何使用 PyInstaller 将一个简单的 Python 脚本打包成独立的可执行文件。这个过程包括安装 PyInstaller、打包脚本，以及验证生成的可执行文件。

（1）打包独立性：使用 PyInstaller 打包后，生成的可执行文件不再依赖用户机器上的 Python 环境和相关库，用户可以直接运行这个文件。这对分发和部署 Python 应用程序特别有用。

（2）简单性与实用性：PyInstaller 提供了简单的命令行接口，使得打包过程非常直观易用。即使是复杂的 Python 应用程序，也可以通过 PyInstaller 进行打包，极大地简化了部署流程。

（3）适用性：这个简单的打包案例适用于新手学习 PyInstaller 的基本用法，同时也为将来的复杂打包需求提供了基础。通过理解这个案例，开发者可以进一步学习自定义程序图标、嵌入额外资源文件、处理多脚本依赖关系等高级功能。

知识梳理

PyInstaller 是一个将 Python 程序打包成独立的可执行文件的工具。使用 PyInstaller，可以将 Python 脚本及其依赖项打包成一个或多个文件，这些文件可以在没有 Python 环境的计算机上运行。它支持 Windows、macOS 和 Linux 平台，是分发 Python 应用程序的常用工具。

PyInstaller 的使用主要通过命令行完成。以下是一些常见的命令和选项。

6.2.1 打包单个脚本

要将一个 Python 脚本打包成独立的可执行文件，命令如下：

```
pyinstaller your_script.py
```

这个命令会在当前目录下生成一个 dist 文件夹，里面包含打包后的可执行文件。

6.2.2 打包成单个文件

默认情况下，PyInstaller 会将可执行文件及其所有依赖项打包成一个文件夹。如果希望将所有内容打包成一个独立的文件，那么可以使用 --onefile 选项。命令如下：

```
pyinstaller --onefile your_script.py
```

生成的可执行文件会更大一些，因为它包含所有必要的依赖项。

6.2.3 指定图标

可以使用 --icon 选项为生成的可执行文件指定一个图标（.ico 文件）。命令如下：

```
pyinstaller --onefile --icon = your_icon.ico your_script.py
```

6.2.4 隐藏控制台窗口

在 Windows 系统中，Python 打包的应用程序通常会打开一个控制台窗口。如果不希望显示控制台窗口，那么可以使用 --windowed 或 -w 选项。命令如下：

```
pyinstaller --onefile --windowed your_script.py
```

6.2.5 指定额外文件

如果您的应用程序需要额外的文件（如数据文件、配置文件等），那么可以使用 --add-data 选项将这些文件包含到打包的应用程序中。命令如下：

```
pyinstaller --onefile --add-data "data.txt;." your_script.py
```

注意： 在使用 PyInstaller 的 --add-data（针对非二进制数据文件）或 --add-binary（针对二进制文件）选项时，不同的操作系统有明确的路径分隔符差异：

（1）在 Windows 系统中要求使用分号（;）分隔源文件路径和目标目录，如 --add-data "data.txt;";

（2）在 Linux 和 macOS 系统中要求使用冒号（:）分隔，如 --add-data "data.txt:"。

这种差异是 PyInstaller 为了适配不同操作系统的路径解析规则而设计的，在实际使用中必须根据目标运行系统选择对应的分隔符，否则会导致文件打包失败或运行时无法正确访问文件。

任务 6.3 jieba 库

典型案例

使用 jieba 进行文本分词和关键词提取

在自然语言处理（NLP）领域，文本分词和关键词提取是两个重要的基础任务。中文文本的分词尤为关键，因为中文语言的词语没有明显的分隔符。在本案例中，我们使用 jieba 这个流行的中文分词库来对一段中文文本进行分词处理，并使用 jieba 的关键词提取功能提取文本中的重要关键词。具体代码如下：

```
import jieba
import jieba.analyse
# 1. 加载文本
text = "生活像一只蝴蝶，没有破茧的勇气，哪来飞舞的美丽。生活像一只蜜蜂，没有勤劳和努力，
怎能尝到花粉的甜蜜，越努力越幸运！"
# 2. 精确模式分词
words = jieba.cut(text, cut_all=False)
print("精确模式分词结果 :","/".join(words))
# 3. 提取关键词 (TF-IDF)
```

```
keywords_tfidf = jieba.analyse.extract_tags(text, topK=5)
print("TF-IDF 关键词 :", keywords_tfidf)
# 4. 提取关键词 (TextRank)
keywords_textrank = jieba.analyse.textrank(text, topK=5)
print("TextRank 关键词 :", keywords_textrank)
```

程序运行结果如图 6-1 所示。

```
精确模式分词结果: 生活/像/一只/蝴蝶/，/没有/破茧/的/勇气/，/哪来/飞舞/的/美丽/。/生活/像/一只/蜜蜂/，/没有/勤劳/和/努力/，/怎能/尝到/花粉/的/甜蜜/，/越/努力/越/幸运/！
TF-IDF 关键词 : ['努力', '破茧', '一只', '尝到', '生活']
TextRank 关键词 : ['生活', '没有', '飞舞', '花粉', '尝到']
```

图 6-1　文本分词和关键词提取

案例说明

本案例展示了如何使用 jieba 库进行中文文本的分词和关键词提取，这在数据分析、文本处理和机器学习等领域具有广泛的应用。

1. 加载文本

我们选择了一段中文文本，其中包含多个关键词和重要的语义信息。

2. 精确模式分词

jieba 提供了多种分词模式，其中精确模式试图将文本切分成最合适的词语，避免冗余。使用 jieba.cut() 函数，我们能够将文本切分成一个个有意义的词语，例如“生活”“像”“一只”“蝴蝶”等。分词是中文文本处理中的第一步，后续的文本分析、关键词提取、情感分析等任务都建立在分词的基础上。

3. 关键词提取（TF-IDF）

关键词提取是从文本中找出能够代表文本主题的重要词语。jieba 提供了基于 TF-IDF（词频 – 逆文档频率）算法的关键词提取功能，通过计算词语在文本中的频率和重要性，我们可以得到最能代表文本主题的关键词。在本案例中，使用 jieba.analyse.extract_tags() 函数，我们提取出了“努力”“破茧”“一只”“尝到”“生活”等关键词。

4. 关键词提取（TextRank）

除了 TF-IDF，jieba 还实现了基于 TextRank 算法的关键词提取方法。TextRank 是一种基于图的排序算法，类似于 PageRank 算法，能够提取出与文本内容相关性最高的关键词。在本案例中，使用 jieba.analyse.textrank() 函数，我们得到了与 TF-IDF 结果相似的关键词集合。

知识梳理

jieba 是一个流行的中文分词工具，用于将中文文本分割成独立的词语。它提供了多种分词模式，并支持用户自定义词典。jieba 的核心算法基于前缀词典实现高效的词图扫描，并通过动态规划找到最大概率的分词组合。此外，jieba 还支持关键词提取和词性标注。

使用 jieba 进行文本分词和关键词提取

6.3.1 全模式

全模式会尽可能多地切分出所有可以组成词的词语。虽然速度快，但可能产生冗余词。代码如下：

```
import jieba
text = "我来到北京清华大学"
words = jieba.cut(text, cut_all=True)
print("Full Mode:", "/ ".join(words))
```

程序运行结果如图 6-2 所示。

```
Full Mode: 我/ 来到/ 北京/ 清华/ 清华大学/ 华大/ 大学
```

图 6-2　全模式程序运行结果

6.3.2 精确模式

精确模式会试图切分出最准确的词语，适合文本分析。代码如下：

```
import jieba
text = "我来到北京清华大学"
words = jieba.cut(text, cut_all=False)
print("Accurate Mode:", "/ ".join(words))
```

程序运行结果如图 6-3 所示。

```
Accurate Mode: 我/ 来到/ 北京/ 清华大学
```

图 6-3　精确模式程序运行结果

6.3.3 搜索引擎模式

搜索引擎模式在精确模式的基础上，对长词进一步切分，适合搜索引擎分词。代码如下：

```
import jieba
text = "我来到北京清华大学"
words = jieba.cut_for_search(text)
print("Search Engine Mode:", "/ ".join(words))
```

程序运行结果如图 6-4 所示。

```
Search Engine Mode: 我/ 来到/ 北京/ 清华/ 华大/ 大学/ 清华大学
```

图 6-4　搜索引擎模式程序运行结果

6.3.4 词性标注

使用 jieba.posseg 可以进行词性标注，输出分词结果及词性。代码如下：

```
import jieba.posseg as pseg
text = "我来到北京清华大学"
words = pseg.cut(text)
for word, flag in words:
    print(f'{word} {flag}')
```

程序运行结果如图 6-5 所示。

```
我 r
来到 v
北京 ns
清华大学 nt
```

图 6-5　词性标注程序运行结果

任务 6.4　WordCloud 库

典型案例

使用 WordCloud 生成一个自定义的词云

词云是一种视觉化工具，通过大小不同的词语展示文本数据中的词频或重要性。WordCloud 是一个流行的 Python 库，用于生成词云图。本案例展示如何使用 WordCloud 库生成一个自定义的词云图，从文本数据中提取关键词并以图形方式展示。代码如下：

```
import matplotlib.pyplot as plt
from wordcloud import WordCloud
# 读取文本数据
text = (
    "Python 是一种流行的编程语言，广泛应用于数据科学、人工智能、"
    "Web 开发、自动化等领域。Python 具有易于学习、社区支持丰富、"
    "库和框架齐全等优点，受到开发者的喜爱。"
)
```

```
# 生成词云
wordcloud = WordCloud(
    width=800, height=400,
    background_color='white',
    max_words=100,
    font_path='simhei.ttf',
    collocations=False
).generate(text)
# 显示词云
plt.figure(figsize=(10, 5))
plt.imshow(wordcloud, interpolation='bilinear')
plt.axis("off")
plt.show()
# 保存词云图
wordcloud.to_file("wordcloud_example.png")
```

程序运行结果如图 6-6 所示。

图 6-6　词云图

案例说明

本案例详细介绍了如何使用 WordCloud 库从文本数据中生成词云图。词云图是一种直观的可视化方法，用于展示文本中频繁出现的词汇或关键词，常用于数据分析、市场研究和文本挖掘等领域。

1. 读取文本数据

在本案例中，我们定义了一段描述 Python 编程语言的文本数据。这个文本数据包含多个与 Python 相关的关键词，这些关键词将在词云中得到突出显示。

2. 生成词云

使用 WordCloud 库，我们可以从文本数据中生成词云图。在生成过程中，我们可以设置多种参数：

（1）width 和 height：设置词云图的宽度和高度。

（2）background_color：设置词云图的背景颜色。在这里，我们使用了白色背景。

（3）max_words：词云图中显示的最大词语数量。

（4）font_path：设置词云图中文字的字体路径。对于中文文本，通常需要指定支持中文的字体以避免显示乱码，如 simhei.ttf。

微课视频

使用 WordCloud 生成一个自定义的词云

（5）collocations：布尔值，指定是否将两个或多个常用的单词组合在一起。在本案例中，将其设置为 False，以避免重复词组合。

3. 展示词云

生成词云后，我们使用 Matplotlib 库将词云图显示出来。通过 plt.imshow() 函数，我们可以将词云以图像形式展示，并使用 plt.axis("off") 去除坐标轴。

4. 保存词云图

使用 wordcloud.to_file() 方法将生成的词云图保存为图像文件（如 wordcloud_example.png）。这一步非常重要，尤其在需要分享或进一步处理词云图时。

知识梳理

词云是一种直观的文本数据可视化方式，它通过词语在文本中出现的频率来分配视觉权重——高频词以更大的字号、更突出的颜色或更显著的层级呈现，低频词则相应弱化，从而让人能快速捕捉文本的核心关键词与信息重点。WordCloud 库是生成词云图的常用工具，它能够高效处理文本数据，支持自定义词云的形状、颜色、字体等样式。该库广泛应用于数据分析、自然语言处理、市场研究等领域。

6.4.1 生成简单的词云

使用 WordCloud 库生成一个基础的词云图，并使用 Matplotlib 显示出来。代码如下：

```
from wordcloud import WordCloud
import matplotlib.pyplot as plt
# 读取文本数据
text = "Python 是一种流行的编程语言，广泛应用于数据科学、人工智能、Web 开发等领域。"
# 生成词云，指定字体路径
wordcloud = WordCloud(font_path='simhei.ttf').generate(text)
# 显示词云
plt.imshow(wordcloud, interpolation='bilinear')
plt.axis("off")
plt.show()
```

程序运行结果如图 6-7 所示。

图 6-7　词云图

6.4.2 使用自定义设置

WordCloud 提供了多种配置选项，如字体、背景颜色、最大词数等，可以用来定制词云的外观。代码如下：

```
wordcloud = WordCloud(
        width=800,                 # 图片宽度
        height=400,              # 图片高度
        background_color='white', # 背景颜色
        max_words=100,           # 最大词数
        font_path='simhei.ttf', # 字体路径
        collocations=False      # 避免重复单词
).generate(text)
```

其中，width 和 height：词云图的尺寸。background_color：背景颜色，默认为黑色。max_words：词云图中显示的最大单词数。font_path：字体路径，用于指定中文字体以避免乱码。Windows 用户可以使用 SimHei 等字体，Linux 用户可以自行下载或指定可用的字体。collocations：默认值为 True，将两个或多个连续的词视为一个词，将其设为 False 可以避免重复的单词组合。

任务 6.5　NumPy 库

典型案例

使用 NumPy 进行基本数组操作和计算

NumPy 是一个强大的 Python 库，广泛应用于科学计算和数据分析领域。它提供了多维数组对象，以及一系列用于高效操作这些数组的函数。本案例将展示如何使用 NumPy 进行基本的数组创建、算术运算、统计计算和形状操作等。这些操作是数据分析和数值计算的基础，能够帮助用户快速处理和分析数据。代码如下：

```
import numpy as np
# 创建数组
a = np.array([1, 2, 3, 4, 5])
b = np.array([6, 7, 8, 9, 10])
# 数组运算
sum_ab = a + b
diff_ab = a - b
prod_ab = a * b
div_ab = a / b
print("Sum:", sum_ab)
```

```
print("Difference:", diff_ab)
print("Product:", prod_ab)
print("Division:", div_ab)
# 统计运算
mean = np.mean(a)
std_dev = np.std(a)
total = np.sum(a)
print("Mean:", mean)
print("Standard Deviation:", std_dev)
print("Sum:", total)
# 形状操作
c = a.reshape((1, 5))
print("Reshaped:", c)
```

程序运行结果如图 6-8 所示。

```
Sum: [ 7  9 11 13 15]
Difference: [-5 -5 -5 -5 -5]
Product: [ 6 14 24 36 50]
Division: [0.16666667 0.28571429 0.375      0.44444444 0.5       ]
Mean: 3.0
Standard Deviation: 1.4142135623730951
Sum: 15
Reshaped: [[1 2 3 4 5]]
```

图 6-8　使用 NumPy 进行基本数组操作和计算程序运行结果

案例说明

本案例展示了使用 NumPy 进行各种数组操作的基本方法。NumPy 的核心是 ndarray，它是一个多维数组对象，提供了方便的数据操作方法。

1. 创建数组

首先，我们使用 np.array() 函数创建了一维数组 a 和 b。这些数组是 NumPy 中最基本的数据结构，可以存储相同类型的元素。

2. 数组运算

NumPy 支持数组之间的算术运算，运算在元素级别上进行。这些运算包括加法、减法、乘法和除法。使用这些运算，我们可以轻松地对整个数组进行批量操作。

3. 统计运算

NumPy 提供了多种统计函数，可以对数组进行快速的统计分析。在本案例中，我们计算了数组 a 的平均值（mean）、标准差（std_dev）和总和（total）。

4. 形状操作

NumPy 允许灵活地改变数组的形状，而不改变数据本身。在本案例中，我们将一维数组 a 重新形成为一个 1 行 5 列的二维数组。这种操作在矩阵运算和多维数据处理中非常有用。

知识梳理

NumPy（Numerical Python）是 Python 生态中的基础科学计算库，提供了高性能的多维数组对象，以及丰富的数组操作功能，包括数学运算、逻辑运算、形状调整、排序、元素选择、输入输出，乃至线性代数和统计分析等。作为科学计算领域的基础组件，NumPy 为 Pandas（数据处理）、SciPy（科学计算）、Matplotlib（数据可视化）、scikit-learn（机器学习）等关键库提供了高效的数据结构与计算支持，是现代数据科学、人工智能与工程计算不可或缺的工具。下面介绍 NumPy 的基本功能和常用操作。

6.5.1 创建数组

NumPy 提供了多种方法来创建数组。代码如下：

```
import numpy as np
# 从列表创建数组
array_from_list = np.array([1, 2, 3, 4])
# 创建全零数组
zeros_array = np.zeros((3, 3))
# 创建全一数组
ones_array = np.ones((2, 4))
# 创建范围数组
range_array = np.arange(0, 10, 2) # 生成 0 到 10 之间的数，步长为 2
# 创建随机数组
random_array = np.random.rand(3, 3)
```

6.5.2 数组属性

NumPy 数组具有许多属性，如维度、形状、大小等。代码如下：

```
print(array_from_list.ndim)      # 数组维度
print(array_from_list.shape)     # 数组形状
print(array_from_list.size)      # 数组元素总数
print(array_from_list.dtype)     # 数组元素的数据类型
```

6.5.3 数组运算

NumPy 支持对数组的各种数学运算。代码如下：

```
a = np.array([1, 2, 3])
b = np.array([4, 5, 6])
# 元素级运算
sum_ab = a + b
diff_ab = a - b
```

```
prod_ab = a * b
div_ab = a / b
# 标量运算
scalar_mult = a * 2
```

6.5.4 数组切片和索引

可以使用切片和索引操作访问和修改数组中的数据。代码如下：

```
c = np.array([[1, 2, 3], [4, 5, 6], [7, 8, 9]])
print(c[1, 2])                          # 访问第二行第三列的元素
print(c[:, 1])                          # 访问所有行的第二列
print(c[1:3, 1:3])                      # 访问子数组
```

6.5.5 形状操作

NumPy 支持对数组形状的灵活变换。代码如下：

```
d = np.array([1, 2, 3, 4, 5, 6])
d_reshaped = d.reshape((2, 3))          # 将一维数组重塑为二维数组
d_flat = d_reshaped.flatten()           # 将二维数组展平成一维数组
```

6.5.6 统计函数

NumPy 提供了一系列统计函数。代码如下：

```
data = np.array([1, 2, 3, 4, 5])
print(np.mean(data))                    # 平均值
print(np.median(data))                  # 中位数
print(np.std(data))                     # 标准差
print(np.sum(data))                     # 求和
print(np.min(data))                     # 最小值
print(np.max(data))                     # 最大值
```

任务 6.6 Pandas 库

典型案例

使用 Pandas 进行数据处理和分析

Pandas 是一个功能强大的 Python 库，专为数据操作和分析而设计。它提供了灵活

的数据结构，如 DataFrame 和 Series，能够高效地进行数据处理、清理和分析。本案例展示如何使用 Pandas 进行基本的数据操作，包括创建数据框、增加新列、条件筛选、分组计算以及数据合并等。这些操作是数据分析流程中的重要步骤，能帮助用户有效地管理和分析数据。代码如下：

```
import pandas as pd
# 创建 DataFrame
data = {
        'Name': ['Alice', 'Bob', 'Charlie', 'David'],
        'Age': [24, 27, 22, 32],
        'Salary': [50000, 60000, 55000, 65000]
}
df = pd.DataFrame(data)
# 增加新列
df['Tax'] = df['Salary'] * 0.1
# 条件筛选
high_salary = df[df['Salary'] > 55000]
# 分组计算
average_salary = df.groupby('Age')['Salary'].mean()
# 数据合并
extra_data = pd.DataFrame({'Name': ['Alice', 'Bob'], 'Bonus': [5000, 6000]})
df = pd.merge(df, extra_data, on='Name', how='left')
# 输出数据
print(df)
```

程序运行结果如图 6-9 所示。

```
      Name  Age  Salary     Tax   Bonus
0    Alice   24   50000  5000.0  5000.0
1      Bob   27   60000  6000.0  6000.0
2  Charlie   22   55000  5500.0     NaN
3    David   32   65000  6500.0     NaN
```

图 6-9　使用 Pandas 进行数据处理和分析程序运行结果

案例说明

本案例介绍了使用 Pandas 处理和分析数据的基本方法。Pandas 提供了强大的数据操作能力，使得数据科学家和分析师能够高效地处理大量数据。

1. 创建 DataFrame

DataFrame 是一种二维、带标签的数据结构，其组织方式类似于电子表格或 SQL 表。用户可以方便地从多种数据源创建 DataFrame，如使用字典：字典的每个键会被视为列名，对应的值则作为该列的数据，案例包含三列：Name、Age、Salary。

2. 增加新列

向 DataFrame 中添加新列。在这个案例中，可以根据现有的 Salary 列计算出 Tax 列，这表示每个人的税收（假设税率为 10%）。

3. 条件筛选

Pandas 允许根据条件筛选数据。在本案例中，我们筛选出 Salary 高于 55000 的记录。这种操作在数据分析中非常常见，用于过滤数据集以获取特定子集。

4. 分组计算

Pandas 的分组计算功能非常强大。在这个案例中，我们按 Age 对 Salary 进行分组，并计算每组的平均工资。这种操作对于分析分组统计数据非常有用。

5. 数据合并

通过使用 merge 函数将两个 DataFrame 合并。在这个例子中，将包含 Bonus 的额外数据与原始数据合并，使用 Name 作为合并的关键字段。这种操作对于整合来自不同来源的数据非常有用。

知识梳理

Pandas 是一个用于数据处理和分析的开源 Python 库，提供了数据结构和数据分析工具。Pandas 使得处理结构化数据和时间序列数据变得更加容易。其核心数据结构是 Series 和 DataFrame，二者提供了高效的数据操作能力，如数据清理、转换、聚合和可视化。

6.6.1 基本数据结构

1. Series

Series 是一种类似于一维数组的对象，包含一组数据（各种 NumPy 数据类型）以及与之相关的数据标签（索引）。代码如下：

```
import pandas as pd
# 创建一个 Series
s = pd.Series([1, 2, 3, 4], index=['a', 'b', 'c', 'd'])
print(s)
```

程序运行结果如图 6-10 所示。

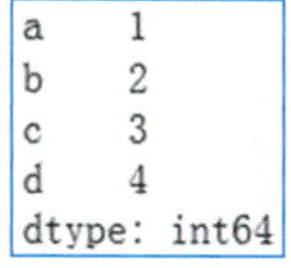

图 6-10　Series 结构

2. DataFrame

DataFrame 是一个二维的、带有标签的数据结构，可以看作是一个表格。它由一组有序的列组成，每列可以是不同的数据类型。代码如下：

```
import pandas as pd
# 创建一个 DataFrame
```

```
data = {'Name': ['Alice', 'Bob', 'Charlie'], 'Age': [25, 30, 35]}
df = pd.DataFrame(data)
print(df)
```

程序运行结果如图 6-11 所示。

```
      Name  Age
0    Alice   25
1      Bob   30
2  Charlie   35
```

图 6-11 DataFrame 结构

6.6.2 数据操作

1. 数据选取

DataFrame 提供了多种方式来选取数据，包括选取一列、选取多列、通过标签选取行、通过位置选取行和条件筛选。代码如下：

```
# 创建一个 DataFrame
data = {'Name': ['Alice', 'Bob', 'Charlie'], 'Age': [25, 30, 35]}
df = pd.DataFrame(data)
# 选取一列
ages = df['Age']
# 选取多列
subset = df[['Name', 'Age']]
# 通过标签选取行
row = df.loc[1]
# 通过位置选取行
row = df.iloc[1]
# 条件筛选
young_people = df[df['Age'] < 30]
```

2. 数据清洗

Pandas 提供了许多数据清洗功能，如处理缺失值、重复数据等。代码如下：

```
# 检查缺失值
missing_data = df.isnull()
# 删除包含缺失值的行
df.dropna(inplace=True)
# 用特定值填充缺失值
df.fillna(0, inplace=True)
# 删除重复行
df.drop_duplicates(inplace=True)
```

3. 数据操作与计算

Pandas 支持多种数据操作，如加、减、乘、除等算术运算，以及数据的转换和合并。代码如下：

```
# 增加新列
df['Height'] = [165, 175, 180]
# 计算列的平均值
average_age = df['Age'].mean()
print(average_age)
# 分组操作
grouped = df.groupby('Age').mean()
print(grouped)
# 合并数据框
df2 = pd.DataFrame({'Name': ['Alice', 'Bob'], 'Salary': [50000, 60000]})
merged_df = pd.merge(df, df2, on='Name', how='inner')
print(merged_df)
```

4. 时间序列数据

Pandas 对时间序列数据提供了强大的支持，能够高效处理不同频率的数据（如日、小时、分钟），并支持便捷的频率转换（如重采样、上采样与下采样）、时间对齐、时区处理以及时间索引操作。代码如下：

```
# 创建时间序列
date_rng = pd.date_range(start='2023-01-01', end='2023-01-10', freq='D')
ts = pd.Series(range(len(date_rng)), index=date_rng)
print(ts)
# 重新采样
resampled_ts = ts.resample('3D').sum()
print(resampled_ts)
```

5. 数据输入与输出

Pandas 提供了丰富的数据输入与输出功能，支持从多种常见格式导入和导出数据，包括 CSV、Excel、SQL 数据库、JSON、HTML 等。代码如下：

```
# 从 CSV 文件读取数据
df = pd.read_csv('data.csv')
# 写入 CSV 文件
df.to_csv('output.csv', index=False)
# 从 Excel 文件中读取数据
df = pd.read_excel('data.xlsx', sheet_name='Sheet1')
# 写入 Excel 文件
df.to_excel('output.xlsx', sheet_name='Sheet1', index=False)
```

知识拓展

在大数据分析中，学生常常需要阅读和分析大量的文本资料，如文章、演讲稿等。通过分析这些文本数据，学生可以更好地理解社会问题，培养批判性思维能力。本案例将使用Python的第三方库，帮助学生分析一篇文章的关键词，并生成词云图。步骤如下：

（1）文本读取与分词：使用jieba库对文本进行分词。jieba是一个中文分词库，可以有效地将文本分割为单词。

（2）数据处理：使用Pandas库对分词结果进行统计分析。这里，我们过滤掉单字（可能是无意义的词）并统计每个词出现的频率。

（3）使用WordCloud库生成词云图：词云通过词汇的字体大小直观反映其在文本中出现的频率，是一种有效的关键词可视化方式。

（4）显示与保存词云：使用Matplotlib显示词云图，并将其保存为图片文件。

以下代码展示了如何使用上述工具进行文本分析和可视化：

```
import jieba
import pandas as pd
from wordcloud import WordCloud
import matplotlib.pyplot as plt
from collections import Counter
import numpy as np
from PIL import Image
# 1. 读取文本数据
with open('sztxt.txt', 'r', encoding='utf-8') as file:
    text = file.read()
# 2. 分词处理
words = jieba.cut(text)
words_list = list(words)
# 3. 使用 Pandas 进行数据统计
df = pd.DataFrame(words_list, columns=['word'])
df = df[df['word'].str.len() > 1]  # 过滤掉单字
word_counts = df['word'].value_counts()
# 4. 生成词云
wordcloud = WordCloud(font_path='simhei.ttf', # 字体路径
                      background_color='white',
                      max_words=100,
                      width=800,
                      height=600
                      ).generate_from_frequencies(word_counts)
# 5. 显示词云
plt.imshow(wordcloud, interpolation='bilinear')
plt.axis('off')
plt.show()
# 6. 将词云保存为图片
wordcloud.to_file("sztxt_wordcloud.png")
```

程序运行结果如图 6-12 所示。

图 6-12　文本分词和关键词提取

项目小结

在本项目中，我们深入探讨了 Python 的第三方库及其在开发中的重要性。这些库是由社区开发者创建和维护的模块和包，极大地扩展了 Python 的功能，使其在各个领域都能高效地完成任务。通过学习和实践，读者不仅熟悉了常用的第三方库，还掌握了如何利用这些库来提高开发效率、解决实际问题，并在项目中选择和应用适当的工具。

课后习题

一、单项选择题

1. 下列选项中，哪个第三方库主要用于科学计算和提供高性能的多维数组对象？（　　）

   A. Pandas　　B. NumPy　　C. jieba　　D. WordCloud

2. Pandas 数据框中的每一列（　　）。

   A. 可以是不同的数据类型　　B. 只有字符串类型

   C. 只有整数类型　　D. 只有浮点数类型

3. 在 WordCloud 库中，哪个参数用于指定词云图的背景颜色？（　　）

   A. font_path　　B. max_words　　C. width　　D. background_color

4. 以下关于 Python 第三方库的说法，正确的是（　　）。

   A. 第三方库需要额外安装，不能通过 Python 标准安装包获取

   B. 所有第三方库都可以使用 pip install 命令安装

   C. 第三方库的功能与 Python 标准库完全重叠

   D. 第三方库的代码质量不需要维护，因为会有用户反馈

5.【Python 二级真题】关于 time 库的描述，以下选项中错误的是（　　）。

   A. time 库提供获取系统时间并格式化输出功能

   B. time.sleep(s) 的作用是休眠 s 秒

   C. time.perf_counter() 返回一个固定的时间计数值

   D. time 库是 Python 中处理时间的标准库

6.【Python 二级真题】关于 jieba 库的描述，以下选项中错误的是（　　）。

A. jieba.cut(s) 是精确模式，返回一个可迭代的数据类型

B. jieba.lcut(s) 是精确模式，返回列表类型

C. jieba.add_word(s) 是向分词词典里增加新词 s

D. jieba 是 Python 中一个重要的标准函数库

7.【Python 二级真题】以下选项中，Python 机器学习方向的第三方库是（　　）。

A. TensorFlow　　B. scipy　　C. PyQt5　　D. Requests

8. 以下关于 random 库的描述，正确的是（　　）。

A. 设定相同的种子，每次调用随机函数生成的随机数不相同

B. 通过 from random import * 引入 random 随机库的部分函数

C. uniform(0,1) 与 uniform(0.0,1.0) 的输出结果不同，前者输出随机整数，后者输出随机小数

D. randint(a,b) 用于生成一个 [a,b] 之间的整数

9. 以下关于 Python 内置库、标准库和第三方库的描述，正确的是（　　）。

A. 第三方库需要单独安装才能使用

B. 内置库里的函数不需要 import 就可以调用

C. 第三方库有三种安装方式，最常用的是 pip 工具

D. 标准库与第三方库的发布方法不一样，是和 Python 安装包一起发布的

10. 以下属于 Python 中可将源文件打包为可执行文件的第三方库的是（　　）。

A. PIL　　B. Matplotlib　　C. Sklearn　　D. PyInstaller

二、编程题

1. 使用 Pandas 读取一个 CSV 文件，计算每列数据的平均值，并将结果保存到一个新的 CSV 文件中。

2. 使用 jieba 对一段中文文本进行分词，然后使用 WordCloud 生成一个词云图，展示分词结果。

3. 编写一个简单的 Python 脚本，包含基本的输入输出功能。使用 PyInstaller 将该脚本打包成独立的可执行文件。

4. 使用 NumPy 创建一个 5 × 5 的随机数组，计算该数组的行和列的平均值，并输出结果。

5.【Python 二级真题】使用 Pandas 第三方库（假设已经安装）读取一个 CSV 文件（文件名为 data.csv），文件内容包含学生的姓名、年龄和成绩三列。统计成绩大于或等于 80 分的学生人数。

项目 7

类与面向对象

学习目标

知识目标：

- 理解面向对象程序设计思想。
- 理解类和对象的基本概念。
- 熟悉类的封装和多态特性。

技能目标：

- 掌握类的定义、使用和专有方法。
- 掌握类的继承机制等特性。
- 利用多态特性编写灵活的代码，提高代码的可扩展性。

素养目标：

- 学会分析问题，将复杂的现实问题分解为类和对象。
- 增强代码规范和代码复用意识，编写结构清晰、易于维护的类。
- 激发创新意识，能够运用面向对象的思想解决复杂问题。

项目描述

本书前面几个项目介绍了 Python 中的程序控制结构、数据类型及函数等相关内容，如果需要使用 Python 进行更深层次的开发，仅靠这些是不够的，还需要用到类和对象。面向对象（Object-Oriented）技术是软件工程领域中的重要技术，这种软件开发思想比较自然地模拟了人类对客观世界的认识，成为当前计算机软件工程学的主流方法。Python不只是解释性语言，也是一门面向对象的编程语言，掌握面向对象程序设计思想就显得尤为重要。本项目将先介绍面向对象程序设计，再讲解类和对象的定义、属性及方法。

知识导图

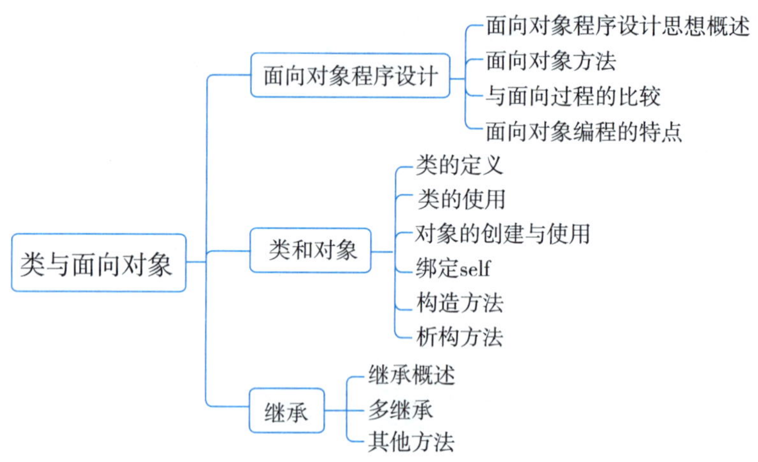

任务 7.1　面向对象程序设计

知识梳理

7.1.1 面向对象程序设计思想概述

在现实世界中存在各种不同形态的事物，这些事物之间存在着各种各样的联系。在程序中使用对象来映射现实中的事物，使用对象间的关系来描述事物之间的联系，这种思想就是面向对象。

面向对象编程（Object-Oriented Programming，OOP）将对象作为程序的基本单元，每个对象都包含数据（属性）和操作数据的函数（方法）。在现实世界中，对象通常指人们可感知、触摸或操纵的有形实体，例如一支笔、一台空调、一架飞机等，它们都是可被明确辨识的具体存在。类和对象是面向对象编程（OOP）的两个核心概念。在面向对象编程中，人们通过类来抽象描述现实世界中的事物及情景，再基于类创建具体对象，以更精准地认识、理解和刻画现实实体。基于类创建的对象会自动继承类的属性和行为，同时还可根据实际需求赋予其特有的属性，这个过程称为类的实例化。

从面向对象设计（Object-Oriented Design，OOD）的角度来看，如果类是从现实对象中抽象而来的，那么抽象类就是基于类抽象而来的。从实现角度来看，抽象类与普通类的不同之处在于：抽象类中只能有抽象方法（没有实现功能），此类不能被实例化，只能被继承，且子类必须实现抽象方法。

7.1.2 面向对象方法

面向对象方法（Object-Oriented Method, OOM）是一种以“对象”为核心，在软件开发全过程中运用面向对象思想进行系统分析、设计与实现的系统化方法。如同 20 世纪 70 年代的结构化方法，面向对象方法对计算机技术的发展产生了深远影响，并持续推动着高技术领域的发展与多学科融合。

面向对象方法的起源可追溯至 20 世纪 60 年代末。1967 年，计算机科学家奥利－约翰・达尔（Ole-Johan Dahl）和克利斯登・奈加特（Kristen Nygaard）在 Simula 67 编程语言中首次提出了“类”（Class）和“对象”（Object）的概念，实现了对现实世界实体的抽象建模，被公认为面向对象编程的奠基之作。此前，ALGOL 60（1960 年）已引入块结构（begin...end）和局部变量机制，形成了作用域的概念，为后续封装思想的发展奠定了基础。尽管它尚未实现现代意义上的数据封装与信息隐藏，但其结构化设计影响了 Pascal、Ada、C 等语言的发展。

20 世纪 80 年代，随着 Smalltalk 语言的成熟与推广，面向对象编程逐渐走向实用化和普及化。1986 年，首届“面向对象编程、系统、语言和应用”（OOPSLA）国际会议在美国举行，此后每年举办一届，成为面向对象领域最重要的学术会议之一，标志着该方法已在全球范围内获得广泛关注与深入研究。

如今，面向对象方法已被广泛应用于程序设计语言、数据库系统、软件工程方法学、人机交互、操作系统、人工智能等多个领域，成为现代软件开发的主流范式之一。

7.1.3 与面向过程的比较

在面向对象出现以前，结构化程序设计是程序设计的主流。结构化程序设计又称为面向过程的程序设计。面向过程是分析解决问题所需要的步骤，然后用函数一步步实现这些步骤，使用这些函数的时候一个个依次调用即可。而面向对象是将解决的问题按照一定的规则划分为多个独立的对象，然后通过调用对象的方法来实现多个对象之间相互配合，完成应用程序功能，当应用程序功能发生改变时，只需要修改个别的对象就可以了，使代码维护起来更容易。

例如五子棋，面向过程的设计思路是分析解决问题的步骤，将每个步骤分别用函数来实现，从而使问题得到解决。具体步骤如下：

微课视频

面向过程编程与面向对象编程比较

（1）开始游戏；

（2）黑子先走；

（3）绘制画面；

（4）判断输赢；

（5）白子再走；

（6）绘制画面；

（7）判断输赢；

（8）返回步骤（2）；

（9）输出结果。

将前面的步骤用函数来实现，问题就解决了，具体流程如图 7-1 所示。

图 7-1　使用函数解决问题的步骤

而面向对象的设计则从另一种思路来解决问题，使用面向对象设计思想实现五子棋游戏时，首先将五子棋分为三类对象，具体为：

（1）黑白棋子双方，二者的行为是相同的；

（2）棋盘系统，负责绘制画面；

（3）规则系统，负责判断诸如犯规、输赢等。

在上述三类对象中，第一类对象（黑白棋子双方）负责接收用户输入的信息，并告知第二类对象（棋盘系统）棋子布局的变化，棋盘系统接收到棋子的输入后就会在画面上显示出棋子布局的变化，同时利用第三类对象（规则系统）来对棋局进行判定。

面向对象保证了功能的统一性，从而使代码维护起来更方便。例如，要实现悔棋的功能，如果使用面向过程开发的话，输入、显示、判断的步骤都需要改动，比较麻烦。如果使用面向对象开发的话，只需要改变棋盘对象就可以了，棋盘对象保存了黑白双方的棋子画面，只需要简单的后退，改动只是局部的。由此可见，面向对象编程比面向过程编程更有利于后期代码的维护和功能的扩展。

7.1.4 面向对象编程的特点

面向对象编程具有以下几个特点：

1. 封装性

将数据和操作数据的方法捆绑在一起，形成一个类的过程就是封装（Encapsulation）。类中的属性和方法可以被设定为私有、受保护或公共的访问级别，以控制外部对其的访问权限。

例如，定义一个 Person 类，将姓名、年龄等属性以及修改年龄的方法封装在一起，外部只能通过特定的方法来修改年龄，而不能直接访问和修改年龄属性。

2. 继承性

继承（Inheritance）是两个类或多个类之间的父子关系，子类继承了父类的所有公有数据属性和方法，并且可以通过编写子类的代码来扩充子类的功能。继承不仅增强了代码的复用性，还提高了开发效率。

例如，定义一个 Student 类继承自 Person 类，Student 类可以继承 Person 类的基本属性和方法，同时可以添加学号、专业等属于学生的特有属性和方法。

3. 多态性

多态（Polymorphism）是指面向对象程序执行时，相同的信息可能会发送给多个不同类别的对象，系统依据对象所属的类别，引发对应类别的方法而产生不同的行为。多态可以通过方法重写和方法重载来实现。

例如，定义一个 Shape 类，有一个 draw 方法。然后定义 Circle 和 Rectangle 类继承自 Shape 类，并分别重写 draw 方法，实现不同的绘制逻辑。

任务 7.2　类和对象

典型案例

创建一个 Car 类，为其设置属性和方法

微课视频

创建类和对象

本案例要求用户创建一个 Car 类，为其赋予车轮数（4）、颜色（white）的属性，并定义函数来输出“有 4 个车轮，颜色是白色。”和“车行驶在公路上。”，再调用类的方法（函数）。代码如下：

```
# 创建类
class Car:
# 类的属性
    wheelNum = 4
    color = 'white'
# 定义函数
    def getCarInfo(self, name):
        self.name = name
        print(self.name, '有 %d 个车轮，颜色是 %s。' % (self.wheelNum, self.color))
    def run(self):
    print(' 车行驶在公路上。')
new_car = Car()
# 调用 getCarInfo 函数
print(new_car.getCarInfo('BYD'))
# 调用 run 函数
print(new_car.run())
```

案例说明

（1）使用 class 关键字创建 Car 类并命名，添加车轮数和颜色两个属性。

（2）使用 def 关键字定义 getCarInfo 函数，增加参数 name，用 print 函数输出“有 4 个车轮，颜色是白色。”。

（3）使用 def 关键字定义 run 函数，用 print 函数输出“车行驶在公路上。”。

（4）调用 Car 类，赋值给 new_car。

（5）用 new _car 调用 getCarInfo 函数和 run 函数。。

知识梳理

面向对象程序设计思想是 Python 编程中的核心概念之一，它为开发复杂、可扩展和易于维护的程序提供了有力的方法。面向对象程序设计思想的核心是对象，为了在程序中创建对象，首先需要定义一个类。类是对象的抽象，用于描述一组对象的共同特征和行为。对象的特征（属性）用成员变量描述，对象的行为（方法）用成员方法描述。

7.2.1 类的定义

在日常生活中，要描述一类事物，既要说明它的特征，又要说明它的用途。例如，如果描述猫这一类事物，通常要给这类事物下一个定义，猫类的特征包括名字、年龄、毛的颜色等，猫的行为包括吃猫粮、睡觉等。把猫类的特征和行为组合在一起，就可以完整地描述猫类。

具有相同或相似性质的对象的抽象就是类，类是创建对象的基础，描述了所创建对象共有的属性和方法。事物的特征可作为类的属性，事物的行为可作为类的方法，而对象是类的一个实例。所以要想创建一个对象，需要先定义一个类。类由 3 部分组成。

（1）类名：类的名称，它的首字母必须是大写，如 Cat，如果名称是两个单词，那么两个单词的首字母都要大写，如 HotDog。

（2）属性：用于描述事物的特征，如猫有名字、年龄等特征。

（3）方法：用于描述事物的行为，如猫具有吃猫粮、睡觉等行为。

7.2.2 类的使用

在 Python 中，类的定义和函数的定义相似，只是用 class 关键字替换了 def 关键字。定义类的格式如下：

```
class 类名:
    类的属性
    类的方法
```

当使用 class 关键字创建类时，只需要将所需的类的属性和方法列出即可。下面是一段示例代码：

```
class Cat:
# 属性
    name='john'
    age=2
# 方法
    def eat (self ,food):
        print('%d 岁的 %s 在吃 %s'%(self.age,self.name,self.food))
```

在上述示例中，使用 class 定义了一个名称为 Cat 的类，类中包含 2 个属性，即 name 和 age，以及一个方法，即 eat。类的函数和方法都有一个 self 参数，并默认其为第一个参数。self 代表类的对象本身，可以用来引用对象的属性和方法，后面会结合例子来介绍其具体的用法。

7.2.3 对象的创建与使用

按照一个抽象的、描述性的类创建对象的过程，叫作实例化。程序要想完成具体的功能，仅有类是远远不够的，还需要根据类来创建实例对象。在 Python 程序中，可以使用以下语句来创建一个对象：

```
对象名 = 类名
```

例如，创建 Cat 类的一个对象 cat，实例代码如下：

```
cat=Cat( )
```

在上述代码中，cat 实际上是一个变量，可以用它来访问类的属性和方法。要想为对象添加属性，可以设置如下代码：

```
对象名. 属性名 = 值
```

例如，为 Cat 类的对象添加 color 属性，可设置如下代码：

```
cat.color='白色'
```

下面通过一个完整的示例来演示如何创建对象、添加属性和调用方法，代码如下：

```
class Cat:
# 属性
    name='john'
    age=2
# 方法
    def run (self):
        print("猫会跑")
cat=Cat( )
# 添加颜色属性
cat.color='白色'
# 调用方法
cat.run( )
# 访问属性
print(cat.color)
```

程序运行结果如图 7-2 所示。

```
猫会跑
白色
```

图 7-2　创建 Cat 类并调用属性和方法

该例定义了一个 Cat 类，类里定义了 2 个属性，即 name 和 age 以及一个方法，即 run。该例还创建了一个 Cat 类对象 cat，动态地添加了一个 color 属性并赋值为“白色”，接着调用 run 方法，并输出 color 属性的值。

7.2.4 绑定 self

Python 中类的方法和普通的函数有一个很明显的区别，那就是，在方法的定义中，第一个参数永远都是 self，并且在调用这个方法的时候不必为 self 参数赋值。类的方法的特别参数指代的是对象本身，而按照 Python 惯例，用 self 来表示。例如：

```
class Cat:
    def run (self):
        print(self)
# 创建一个对象
cat=Cat( )
print(cat.run( ))
```

程序运行结果如图 7-3 所示。

```
<__main__.Cat object at 0x0000018F183D20F0>
None
```

图 7-3　self 参数程序运行结果

通过运行结果，我们可以发现 self 代表当前对象的地址。当调用 run 函数时，程序会自动将该对象的地址作为第 1 个参数传入，如果不传入地址，那么程序将不知道该访问哪个对象。

self 这个名称也不是必需的，在 Python 中，self 不是关键字，可以将其定义成 a、b 或其他名字。例如，利用 a 代替 self，一样可以实现方法的调用。例如：

```
class Test:
    def prt(a):
        print(a)
t = Test()
print(t.prt( ))
```

程序运行结果如图 7-4 所示。

```
<__main__.Test object at 0x0000018F172EAA20>
None
```

图 7-4　self 参数别名程序运行结果

上述程序创建了两个 Test 类的对象，并让 t 指向了该对象所占用的内存空间，然后 t 调用了 prt 方法，默认会把 t 引用的内存地址赋值给参数 a，这时参数 a 也指向了这块内存空间。

简言之，self 需要在类的方法定义时显式声明，但在调用方法时会被自动传递。虽然 self 并非语法强制规定的名称，但按照编程惯例，建议使用 self。

7.2.5 构造方法

在 7.2.4 小节的例子中，我们给 cat 引用的对象动态地添加了 color（颜色）属性。试想一下，如果再创建一个 Cat 类的对象，还要通过“对象名 . 属性名称”的形式添加属性，每创建一个对象，就需要添加一次属性，这种做法显然非常麻烦。

为了解决这个问题，可以在创建对象的时候就设置好属性。Python 提供了一个构造方法，该方法的固定名称为 __init__(两个下划线开头和结尾)。__init__ 是类的专有方法，每当根据类创建新实例时，Python 都会自动运行 __init__，这是一个初始化手段。为了让大家更好地理解，下面通过一个案例演示如何使用构造方法进行初始化操作，代码如下：

```
class Cat:
# 构造器方法
    def __init__(self, name, age):
# 属性
        self.name = name
        self.age = age
    def sleep(self):
        print('%d 岁的 %s 正在沙发上睡懒觉。' % (self.age, self.name))
    def eat(self, food):
        self.food = food
        print('%d 岁的 %s 在吃 %s' % (self.age, self.name, self.food))
cat1=Cat('tom',3)
cat1.sleep( )
cat1.eat('fish')
```

程序运行结果如图 7-5 所示。

```
3岁的tom正在沙发上睡懒觉。
3岁的tom在吃fish
```

图 7-5　构造方法的使用程序运行结果

该例定义了一个 Cat 类，该类中有一个构造方法和 sleep、eat 两个方法。其中在构造方法中，该例给 Cat 类初始化了名称为 name 和 age 的两个属性，通过实参向 Cat 类传递名字和年龄。self 会自动传递，因此创建对象时只需要给出后两个形参（name 和 age）的值即可。

7.2.6 析构方法

当创建对象时，Python 解释器会默认调用 __init__() 方法，当删除一个对象来释放类所占用资源的时候，Python 解释器会默认调用 __del__() 方法，这个方法被称为析构方法。__del__() 也是类的专有方法，当使用 __del__() 方法删除对象时，目的是释放内存空间。下面通过一个案例来演示析构方法的使用，代码如下：

```
class Cat:
# 构造方法
    def __init__(self):
        print('--- 构造方法被调用 ---')
# 析构方法
    def __del__(self):
        print('--- 析构方法被调用 ---')
cat1 = Cat( )
print(cat1)
# 删除对象
del cat1
print(cat1)
```

该例定义了一个名称为 Cat 的类，在创建对象 cat1 时会调用构造方法，输出”--- 构造方法被调用 ---”语句；在删除对象时，会调用析构方法，输出“--- 析构方法被调用 ---”语句。程序运行结果如图 7-6 所示。

```
--- 构造方法被调用 ---
<__main__.Cat object at 0x00000141C578FCA0>
--- 析构方法被调用 ---
```

图 7-6 析构方法的使用 1

在执行完析构方法后，再次使用 print 语句输出 cat1 对象时，会出现报错语句，提示“name‘cat1’is not defined”。程序运行结果如图 7-7 所示。

```
---------------------------------------------------------------------------
NameError                                 Traceback (most recent call last)
Cell In[19], line 12
     10 # 删除对象
     11 del cat1
---> 12 print(cat1)

NameError: name 'cat1' is not defined
```

图 7-7 析构方法的使用 2

任务 7.3 继承

典型案例

在创建的 Car 类上产生子类 Land，然后输出子类的属性

本案例要求用户在创建 Car 类的基础上产生子类 Land，而且要使子类 Land 拥有两个父类属性（品牌、颜色）和两个自带属性（车轮数、废气涡轮增压），然后输出子类属性。

```
class Car:
    def __init__(self, brand, color):
        self.brand = brand
        self.color = color
class Land(Car):
    def __init__(self, brand, color, wheel_count, turbo):
        super().__init__(brand, color)
        self.wheel_count = wheel_count
        self.turbo = turbo
# 创建 Land 类的实例
land_car = Land("Toyota", "Black", 4, True)
# 输出子类的属性
print(f"品牌: {land_car.brand}")
print(f"颜色: {land_car.color}")
print(f"车轮数: {land_car.wheel_count}")
print(f"废气涡轮增压: {land_car.turbo}")
```

案例说明

（1）创建父类 Car 和子类 Land。

（2）使用构造方法创建对象，设置品牌、颜色两个父类参数和两个子类的自带参数。

（3）创建子类的对象。

（4）访问对象属性，并输出结果。

程序运行结果如图 7-8 所示。

```
品牌：Toyota
颜色：Black
车轮数：4
废气涡轮增压：True
```

图 7-8 输出于类属性

知识梳理

面向对象编程带来的好处之一是代码的重用，实现这种重用的方法之一是继承机制。通过继承机制，用户可以很方便地继承其他类的属性和方法，并且可以通过编写子类的代码来扩充子类的功能。上例中的子类 Land 会继承父类 Car 的属性（品牌、颜色），并且扩充了两个自带属性（车轮数、废气涡轮增压）。

7.3.1 继承概述

继承

在程序中，继承描述的是事物之间的从属关系，通过继承可以使多种事物之间形成一种关系体系。例如，在自然界中，老虎和猫都属于动物，在程序中便可以描述为虎、猫继承于动物类，同理东北虎、华南虎都继承自虎，暹罗猫和波斯猫都继承自猫。特定虎种类继承虎类，虎类继承动物类，虎类具有所有种类的虎共有的属性和方法，而特定虎种类则增加了虎类特有的行为。它们之间的继承关系如图 7-9 所示。

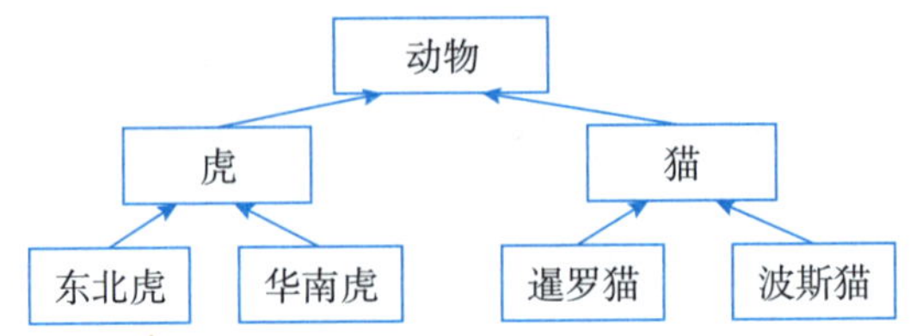

图 7-9　动物层次结构示意图

继承是在一个现有类的基础上构建一个新的类，构建出来的新类被称作子类，现有的类被称为父类。子类继承了父类的所有公有数据属性和方法，并且可以通过编写子类的代码来扩充子类的功能。继承实现了数据属性和方法的重用，减少了代码的冗余。

在 Python 中，继承使用的语法格式如下：

```
class 子类名（父类名）:
    类的属性
    类的方法
```

下面通过一个案例来学习类的继承、子类继承父类的方法。

```
# 定义一个表示虎的类
class Tiger:
    def __init__(self,color):
# 颜色
        self.color=color
# 定义跑的方法
    def run(self):
        print('在跑')
# 定义虎类的子类东北虎
class SiberianTiger(Tiger):
    def __init__(self, color):
        self.color = color
# 创建一个子类东北虎的对象
tiger=SiberianTiger('黑色')
tiger.run( )
print(tiger.color)
```

该例定义了一个 Tiger 类，该类中含有一个属性 color 和方法 run，然后定义了 Tiger 类的子类 SiberianTiger，并创建了一个 SiberianTiger 类的对象 tiger，调用该对象的 run 方法，并输出 color 属性的值。

程序运行结果如图 7-10 所示。

```
在跑
黑色
```

图 7-10　继承的使用方法

7.3.2 多继承

在 Python 中，除了单继承之外，其还支持多继承。一个类存在多个父类的现象被称为多继承。多继承就是子类拥有多个父类，并且具有它们共同的特征，即子类继承了父类的方法和属性。多继承的现象在现实生活中广泛存在，例如：狼狗可能在某些情况下展现出像狼一样的敏锐感知和独立生存能力，同时又像狗一样对主人忠诚，听从主人的指令。下面通过一张图来描述多继承的结构，如图 7-11 所示。

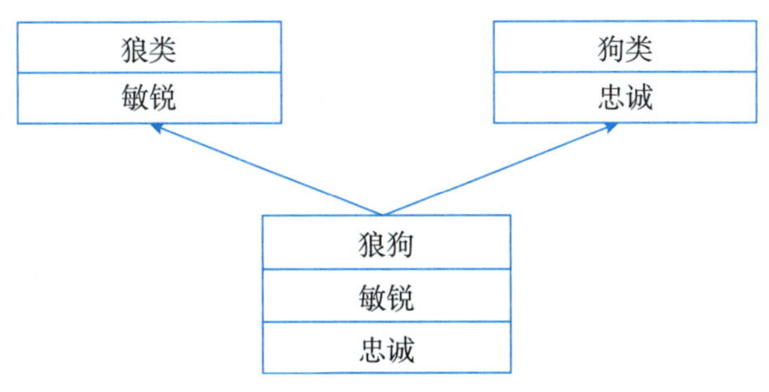

图 7-11　多继承层次结构示意图

从图 7-11 中可以看出，狼狗同时拥有狼和狗的一些特征。多继承可以看作是对单继承的扩展，在子类名称的括号中标注出要继承的多个父类，并且多个父类间使用逗号进行分隔。

多继承的语法格式如下：

```
class 子类 ( 父类 1, 父类 2..):
    类的属性
    类的方法
```

为了让初学者更好地理解多继承，下面通过一个案例来学习多继承的用法。代码如下：

```
# 定义表示狼的类
class Wolf:
    def wolf_feature(self):
        print("敏锐")
# 定义表示狗的类
class Dog:
    def dog_feature(self):
        print("忠诚")
# 定义表示狼狗的类
class WolfDog(Wolf, Dog):
    def wolfdog_feature(self):
        print("兼具狼和狗的独特特点")
# 创建 WolfDog 实例并调用方法
wolf_dog = WolfDog()
wolf_dog.wolf_feature()
wolf_dog.dog_feature()
wolf_dog.wolfdog_feature()
```

该例定义了一个 Wolf 类，该类有一个 wolf_feature 方法；定义了一个表示狗的 Dog 类，该类有一个 dog_feature 方法；定义了一个继承自 Wolf 和 Dog 的子类 WolfDog，WolfDog 类通过多继承同时具备狼的敏锐和狗的忠诚这两个特点；创建了一个 Wolf_Dog 类的对象，分别调用了 wolf_feature、dog_feature 和 wolfdog_feature 方法。

程序运行结果如图 7-12 所示。

```
敏锐
忠诚
兼具狼和狗的独特特点
```

图 7-12　多继承的使用方法

7.3.3 其他方法

在 Python 中，面向对象的三大特性是指多态、重载和封装。

1. 多态

多态是指面向对象程序执行时，相同的信息可能会发送给多个不同类别的对象，系统依据对象所属的类别，引发对应类别的方法而产生不同的行为。也就是说，相同的信息给了不同的对象会引发不同的动作。例如，要实现一个模拟动物叫声的方法，由于每种动物的叫声是不同的，因此可以在方法中设置一个参数，当传入 Dog 类对象时就模拟狗的叫声，当传入 Cat 类对象时就模拟猫的叫声。

Python 的多态并不考虑对象的类型，也不考虑参数的个数，而是关注对象具有的行为，通常发生在类的继承过程中，根据被引用子类对象特征的不同，得到不同的运行结果。下面通过一个示例来进行演示，代码如下：

```
class Animal:
    def __init__(self,name):
        self.name=name
    def enjoy(self):
        print("nangnang" )
class Cat(Animal):
    def enjoy(self):
        print(self.name,"miaomiao" )
class Dog(Animal):
    def enjoy(self):
        print(self.name,"wangwang")
cat=Cat("mimi" )
dog=Dog ("xiaoha" )
cat.enjoy( )
dog.enjoy( )
```

程序运行结果如图 7-13 所示。

```
mimi    miaomiao
xiaoha    wangwang
```

图 7-13 多态的使用方法

该例首先定义了一个父类 Animal，该类包括构造方法和一个通用方法 enjoy(), 子类 Cat 和 Dog 继承自父类 Animal，然后根据各自的特征重写了 enjoy() 方法，最后创建了 Cat 类对象 cat 和 Dog 类对象 dog。

当需求发生改变时，例如，需要增加 Chicken 类，只需要添加一个继承于 Animal 的子类 Chicken，并重写 enjoy() 方法即可。这增加了程序的可扩展性和适应性。

2. 重载

所谓重载，就是子类中有一个和父类名字相同的方法，子类中的方法会覆盖父类中同名的方法。

```
class Cat:
    def make_sound(self) :
        print('miaomiao1')
class Bosi(Cat):
    def make_sound(self) :
        print('miaomiao2')
bosi = Bosi()
print (bosi.make_sound( ))
```

程序运行结果如图 7-14 所示。

```
miaomiao2
None
```

图 7-14 重载的使用方法

该例定义了一个父类 Cat，该类包括一个方法 make_sound()，Bosi 类是 Cat 类的子类，也包含一个 make_sound() 的方法。从程序运行结果可以发现，子类中的方法覆盖了父类中的同名方法。

3. 封装

封装是面向对象编程的重要特性之一，它指的是将数据（属性）和操作数据的方法（函数）包装在一个类中，并对外部隐藏内部的实现细节，只提供必要的访问接口。封装的目的是增强安全性和简化编程，使用者不必了解具体的实现细节，只需要通过外部接口和特定的访问权限去使用类即可。简而言之，封装就是将内容存储到某个地方，需要时再去调用。

知识拓展

任何类都有类的专有方法，它们的特殊性从方法名就能看出来，通常采用双下划线“__”开头和结尾。访问类或对象（实例）的属性和方法要通过点号操作来实现，即

object.attribute。通常使用 dir 函数查看类的属性和方法，由于在定义类时只使用了 pass 语句，因此列出的结果都是以双下划线“__”开头和结尾的。查看类的属性及方法示例如下所示：

```
class Example:
    pass
example=Example( )
print(dir(example))
```

类的常用专有方法见表 7-1。

表 7-1　类的常用专有方法

专有方法	描述
__init__	构造函数，在创建对象时被自动调用进行初始化操作
__del__	析构函数，在对象被销毁时自动调用
__str__	用于定义对象的字符串表示形式，当使用 str() 函数或 print() 函数时会被调用
__repr__	用于定义对象的官方字符串表示形式，主要用于调试和开发阶段
__len__	当对对象使用 len() 函数时被调用
__call__	使得对象可以像函数一样被调用
__getitem__	实现对象的索引访问，如 obj[index]
__setitem__	用于设置对象的索引值
__delitem__	用于删除对象的索引项
__iter__	返回一个迭代器对象，使得对象可以被迭代
__next__	在迭代过程中获取下一个值
__add__	实现对象的加法操作
__sub__	实现对象的减法操作
__mul__	实现对象的乘法操作
__div__	实现对象的除法操作
__eq__	用于比较对象是否相等
__lt__	用于比较对象是否小于
__gt__	用于比较对象是否大于
__le__	用于比较对象是否小于或等于
__ge__	用于比较对象是否大于或等于
__contains__	用于判断一个元素是否在对象中

项目小结

本项目主要介绍了 Python 程序设计中的面向对象思维，以及类、对象、继承等核心知识点，并通过实例演示了相关语法及用法。通过本项目的学习，读者能够建立面向对象的编程思维，熟练掌握 Python 中类与对象的使用方法，并将其灵活应用于实际开发场景中。

课后习题

一、单项选择题

1. 下列属于面向对象方法的特性之一的是（　　）。

A. 封装性　　B. 抽象性　　C. 隐蔽性　　D. 模块化

2. 在 Python 的面向对象编程中，关于 self 的说法不正确的有（　　）。

A. self 是关键字

B. self 能避免非限定调用造成的局部变量

C. self 是不可修改的

D. self 代表当前对象的引用

3. 下列选项中，不属于面向对象程序设计的三个特征的是（　　）。

A. 抽象　　B. 封装　　C. 继承　　D. 多态

4. 以下 C 类继承 A 类和 B 类的格式中，正确的是（　　）。

A. class C A, B:　　B. class C(A, B):　　C. class C(A: B):　　D. class C A and B:

5. 以下关于类和对象的说法中，错误的是（　　）。

A. 类是对象的模板　　B. 对象是类的实例

C. 一个类只能创建一个对象　　D. 类中可以定义属性和方法

6. 在 Python 中，以下哪个方法用于初始化对象的属性？（　　）

A. __init__ 方法　　B. __str__ 方法

C. __repr__ 方法　　D. __new__ 方法

7. 以下关于对象属性的说法，正确的是（　　）。

A. 对象属性只能在 __init__ 方法中定义

B. 对象属性可以在类的任何方法中定义

C. 对象属性可以在类的外部定义

D. 对象属性不能动态添加

8. 在 Python 中，以下关于继承的说法，错误的是（　　）。

A. 子类可以继承父类的所有属性和方法

B. 子类可以重写父类的方法

C. 一个子类可以有多个父类

D. 父类的私有属性不能被子类访问

9. 以下关于类的属性的说法，错误的是（　　）。
   A. 类属性可以通过类名直接访问
   B. 类属性可以通过对象访问
   C. 对象属性的优先级高于类属性
   D. 类属性不能被对象修改

10. 在 Python 中，定义类时，若希望成员变量为私有，应使用（　　）开头。
   A. 一个下划线 _　　　　B. 两个下划线 __
   C. 三个下划线 ___　　　D. 不用特殊符号

二、简答题

1. 什么是对象？什么是类？类和对象的关系是什么？
2. 构造方法的作用是什么？
3. 什么是多态？
4. 什么是继承和多继承？

三、编程题

1. 定义一个名为 Person 的类，包含属性 name（姓名）和 age（年龄），以及一个方法 introduce（用于介绍自己）。

2. 定义一个 Shape 抽象类，具有方法 calculate_area（计算面积），然后创建子类 Triangle（三角形）和 Square（正方形）实现该方法。

3. 定义一个住房面积 HouseArea 类，类属性包括客厅面积 (living_area)、厨房面积 (kitchen_area) 和卧室面积 (bed_area)。在类方法中，使用 get_living_area 函数返回客厅面积，返回类型为 int。编写好类后使用语句 house=HouseArea(40,30,50) 进行测试，并输出结果。

4. 定义一个学生 Student 类，类的属性有姓名 (name)、年龄 (age)、成绩 (score，包括语文、数学、英语，且每科成绩的类型为整型)。类的方法包括使用 get_name 函数获取学生姓名，返回类型为字符串；使用 get_age 函数获取学生年龄，返回类型为 int；使用 get_course 函数获取 3 门科目中最高的分数，返回类型为 int。对完成的类进行测试并输出结果。

5. 设计一个表示动物的类 Animal，其内部有一个 color（颜色）属性和一个 call 方法。再设计一个 Fish 类，该类中有 tail(尾巴）和 color 属性，以及一个 call 方法，让鱼类继承自 Animal 类。

项目 8

文件操作与异常处理

学习目标

知识目标：

- 了解文件操作的基本概念，包括文件的打开、读取、写入和关闭。
- 熟悉不同的文件操作模式（如只读、写入、读写等）及其应用。
- 掌握如何操作目录，包括创建、复制、移动和删除目录等。
- 理解如何使用 os.path 和 pathlib 进行文件路径处理，如获取文件名、扩展名、绝对路径等。

技能目标：

- 能够熟练进行文件的读取、写入和数据处理操作，实现数据的持久化存储和读取。
- 能够结合函数和文件操作，完成实际项目中的数据处理和功能实现。
- 通过文件操作中的异常处理，确保程序在文件不存在、权限不足等情况下能够正常工作，不会崩溃。

素养目标：

- 养成创新意识和探索精神，尝试不同文件操作方法，以找到最优的解决方案。
- 养成团队协作能力，通过小组合作完成项目，学会交流和分享，共同解决问题。

项目描述

在现代编程中，文件操作和异常处理是必备的技能。在实际开发中，我们经常需要与文件系统交互，例如读取配置文件、写入日志或处理大型数据集。同时，处理文件操作时，我们必须考虑到可能发生的各种错误（例如文件不存在、权限不足等）。通过合理的异常处理机制，程序可以避免崩溃，并在发生问题时提供有用的错误信息，从而提高软件的健壮性和用户体验。

本项目将帮助读者掌握 Python 中的文件操作与异常处理技巧。具体内容包括如何创建、读取、写入、复制和删除文件及目录，并通过异常处理机制确保程序的稳定性。在进行文件操作时，程序需要应对可能出现的各种错误情况，例如文件未找到、权限不足或文件格式错误等。读者将通过一系列实战任务，掌握如何使用 Python 进行文件操作以及如何设计健壮的异常处理系统。

知识导图

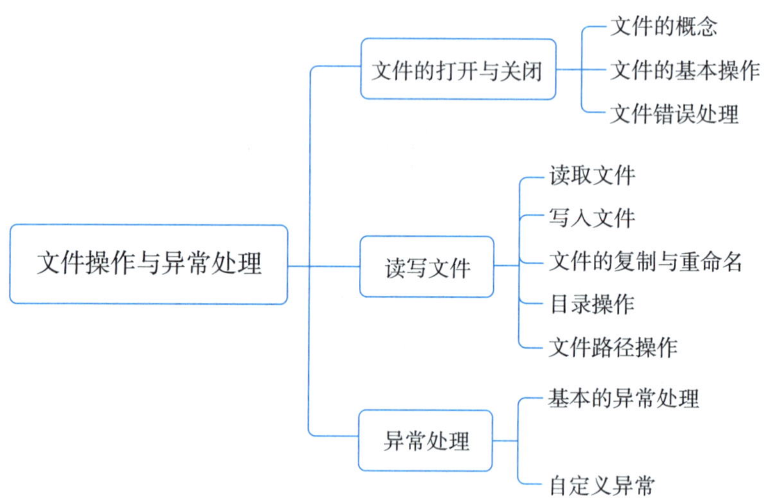

任务 8.1 文件的打开与关闭

典型案例

《西游记》词频统计

在 Python 中，打开和关闭文件主要是出于资源管理和数据完整性的考虑。打开文件是为了建立与文件的连接，从而能够读取或写入数据。而关闭文件则至关重要，一方面能释放相关的系统资源，避免资源浪费和潜在的性能问题，另一方面能确保所有缓冲的数据被正确写入文件，保证数据的完整性和准确性。若不关闭文件，则可能导致数据丢失、占用过多系统资源以及后续文件操作出现异常。

例如：定义名为 word_frequency() 的函数，该函数的功能是统计《西游记》一书中出现唐僧师徒四人名字的次数，代码如下：

```
import jieba
# 函数定义
def word_frequency(filepath):
    shitu=['唐僧','悟空','八戒','沙僧']
    wf={}
    with open(file_path, 'r', encoding='utf-8') as file:
        content = file.read()
        words = jieba.lcut(content)
        for i in shitu:
            wf[i]=words.count(i)
return wf
# 假设《西游记》文本文件名为 "journey_to_the_west.txt"
file_path = "journey_to_the_west.txt"
# 调用函数并输出结果
print(word_frequency(file_path))
# 输出 {'唐僧': 802, '悟空': 379, '八戒': 1677, '沙僧': 721}
```

案例说明

在上述代码中，我们首先导入了 jieba 库，其次定义了一个名为 word_frequency () 的函数，它接受一个文件路径作为参数。该函数的目的是统计给定文件中特定人物（唐僧、悟空、八戒、沙僧）出现的频率，并以字典的形式返回结果。再次，我们使用 with open 语句安全地打开文件并读取内容。接着，我们对内容进行分词，得到单词列表 words。之后，通过遍历 shitu 列表中的人物，使用 count 方法统计每个人物在 words 列表中出现的次数，并将结果存储在 wf 字典中。最后，函数返回这个词频字典。

文件的打开与关闭

知识梳理

在 Python 中，文件的打开和关闭是文件操作的重要环节。使用 open() 函数来打开文件，需要指定文件名和模式，如只读 'r'、写入 'w'、追加 'a' 等。打开文件后，我们会得到一个文件对象，可通过它进行读取、写入等操作。完成操作后，我们必须使用 close() 方法关闭文件，以释放相关资源并确保数据被完整保存。为了避免忘记关闭文件导致的问题，推荐使用 with 语句，它能在代码块执行完毕后自动关闭文件，使文件操作更安全、简洁。正确地处理文件的打开和关闭对于编写高效、稳定的 Python 程序至关重要。

8.1.1 文件的概念

文件在计算机系统中是一种用于存储和组织数据的基本单元。它可以被看作是一个数据的容器，能够容纳各种类型的信息，如文本、图像、音频、视频、程序代码等。文件具有特定的名称和扩展名，以便于识别和管理。通过文件，计算机系统能够有效地对数据进行分类、保存和检索。每个文件都占据一定的存储空间，并按照特定的格式和结构来存储数据。用户可以根据需要创建、读取、修改和删除文件，以实现对数据的操作和处理。文件的存在使得数据能够长期保存，并且可以在不同的应用程序和系统之间进行共享和传输，是计算机系统中数据管理和信息交流的重要手段。

8.1.2 文件的基本操作

Python 使用内置函数 open() 打开指定的文件，并创建文件对象，通过这个对象可以对文件进行各种操作。

1. 打开文件

打开文件的基本语法格式如下：

```
file_object=open(file_name,mode, encoding=None)
```

说明： file_name 表示要打开的文件的名称，包括文件路径（如果文件不在当前工作目录下）。mode 指定了打开文件的模式，缺省时为只读模式。encoding 指定文件的编码方式，如 'utf-8'、'gbk' 等，如果不指定，则会使用系统默认的编码。

Python 中常见的文件打开模式有多种，详见表 8-1。

表 8-1　Python 中常见的文件打开模式

文件打开模式	说明	备注
r	只读模式	如果文件不存在，则抛出异常
w	写入模式	如果文件不存在，则会创建新文件；如果存在，则会清空原有内容
a	追加模式	如果文件不存在，则会创建新文件；如果存在，则会在文件末尾追加内容
x	独占创建模式	如果文件已存在，则会抛出异常
b	二进制模式，可与其他模式结合使用，如 'rb'（只读二进制）、'wb'（写入二进制）	同结合的其他模式备注一致
t	文本模式（默认），可与其他模式结合使用，如 'rt'（只读文本）、'wt'（写入文本）	同结合的其他模式备注一致

2. 关闭文件

使用完文件后，需要调用 close() 函数来关闭文件。关闭文件的基本语法格式如下：

```
file.close()
```

3. with 语句

使用 with 语句可以更方便地管理文件的打开和关闭，它会自动处理关闭文件的操作，无须显式调用 close() 函数。with 语句的基本语法格式如下：

```
with open('example.txt', 'r') as file:
    content = file.read()
    # 在这里可以处理文件内容
# 文件在这里已经自动关闭
```

以下是一个完整的示例代码，演示如何打开、读取和关闭文件：

```
# 使用 open() 函数
try:
    file = open('example.txt', 'r')
    content = file.read()
    print(content)
finally:
    file.close()
# 使用 with 语句
with open('example.txt', 'r') as file:
    content = file.read()
    print(content)
```

8.1.3 文件错误处理

使用 open() 函数时，建议配合 try 和 finally 语句来确保文件在发生异常时也能被正确关闭。代码如下：

```
try:
    file = open('example.txt', 'r')
    content = file.read()
    print(content)
except fileNotFoundError:
    print("文件未找到")
finally:
    file.close()
```

任务 8.2　读写文件

典型案例

处理学生的成绩数据

在学校管理系统中，用户经常需要处理学生的成绩数据。假设我们有一个包含学生成绩的文本文件，每行记录一个学生的姓名和成绩。我们需要读取这个文件，对成绩进行处理，并将处理结果写入另一个文件。具体任务包括读取学生成绩文件、计算平均成绩、找出最高成绩和最低成绩，并将结果写入新的文件。代码如下：

```
def read_grades(file_path):
    """读取学生成绩文件，并返回学生成绩字典"""
    grades = {}
    with open(file_path, 'r', encoding='utf-8') as file:
        for line in file:
            name, grade = line.strip().split(',')
            grades[name] = int(grade)
    return grades
def compute_statistics(grades):
    """计算平均成绩、找出最高成绩和最低成绩"""
    if not grades:
        return None, None, None
    total = sum(grades.values())
    count = len(grades)
    average = total / count
    highest = max(grades.items(), key=lambda item: item[1])
    lowest = min(grades.items(), key=lambda item: item[1])
    return average, highest, lowest
def write_results(file_path, average, highest, lowest):
    """将统计结果写入文件"""
    with open(file_path, 'w', encoding='utf-8') as file:
        file.write(f"平均成绩: {average:.2f}\n")
        file.write(f"最高成绩: {highest[0]}, {highest[1]}\n")
        file.write(f"最低成绩: {lowest[0]}, {lowest[1]}\n")
def main():
    # 文件路径
    input_file = 'grades.txt'
    output_file = 'results.txt'
    # 读取成绩
    grades = read_grades(input_file)
    # 计算统计数据
    average, highest, lowest = compute_statistics(grades)
    # 写入结果
    write_results(output_file, average, highest, lowest)
    print(f"Results written to {output_file}")
if __name__ == "__main__":
    main()
```

案例说明

本案例展示了如何使用 Python 进行文件的读写操作，包括从文件中读取数据、处理数据并将结果写入另一个文件。通过这个案例，用户可以掌握文件操作的基本方法，并了解如何将这些方法应用于实际问题中。详细说明如下：

（1）读取文件（read_grades）：打开 grades.txt 文件，逐行读取数据，使用 strip().split(',') 方法解析每行数据，提取学生姓名和成绩，存储在字典中。

（2）数据处理（compute_statistics）：计算所有学生的平均成绩，使用 max 和 min 函数找出最高成绩和最低成绩及对应的学生。

（3）写入文件（write_results）：打开 results.txt 文件，将平均成绩、最高成绩和最低成绩写入文件。

（4）主函数（main）：调用各个函数完成文件读取、数据处理和结果写入操作。

其中，输入文件（grades.txt）的内容如下：

```
Alice,85
Bob,92
Charlie,78
David,90
Eva,95
Frank,88
Grace,80
```

读写文件

知识梳理

8.2.1 读取文件

读取文件是指从磁盘上读取文件内容到程序中。常见的读取操作包括一次性读取整个文件内容、逐行读取文件内容等。基本语法格式如下：

```
with open('filename', 'mode', encoding='encoding') as file:
    content = file.read() # 或者使用 file.readline() 或 file.readlines()
```

说明： filename，文件名或文件路径；mode，文件打开模式。常用模式包括：'r'，读取（默认）；'rb'，以二进制模式读取；encoding，编码类型，一般在处理文本文件时指定，如 encoding='utf-8'。

（1）一次性读取整个文件内容。代码如下：

```
# 使用 file.read() 方法读取整个文件内容，并返回一个字符串。
with open('example.txt', 'r', encoding='utf-8') as file:
    content = file.read()
    print(content)
```

（2）逐行读取文件内容。代码如下：

```
# 使用 for line in file 逐行读取文件内容，使用 strip() 方法去除每行末尾的换行符。
with open('example.txt', 'r', encoding='utf-8') as file:
    for line in file:
        print(line.strip())
```

（3）读取文件的一行。代码如下：

```
# 使用 file.readline() 方法读取文件中的一行。
with open('example.txt', 'r', encoding='utf-8') as file:
    line = file.readline()
    print(line.strip())
```

（4）读取文件所有行并存入列表。代码如下：

```
# 使用 file.readlines() 方法读取文件中的所有行，并将其存入一个列表。
with open('example.txt', 'r', encoding='utf-8') as file:
    lines = file.readlines()
    for line in lines:
        print(line.strip())
```

8.2.2 写入文件

写入文件是指将数据从程序中写入磁盘上的文件。常见的写入操作包括覆盖写入和追加写入。基本语法格式如下：

```
with open('filename', 'mode', encoding='encoding') as file:
    file.write(content)  # 或者使用 file.writelines(lines)
```

说明： filename：文件名或文件路径。mode：文件打开模式，常用模式包括：'w'，写入（如果文件不存在则会创建新文件，如果存在则覆盖）；'a'，追加（如果文件不存在则会创建新文件，如果存在则在文件末尾追加）；'wb'，以二进制模式写入；encoding，编码类型，一般在处理文本文件时指定，如 encoding='utf-8'。

（1）覆盖写入文件。代码如下：

```
# 使用 file.write(content) 方法将字符串写入文件。如果文件存在，则内容将被覆盖。
with open('example.txt', 'w', encoding='utf-8') as file:
    file.write("Hello, World!\n")
    file.write("This is a test file.")
```

（2）追加写入文件。代码如下：

```
# 使用 file.write(content) 方法将字符串追加到文件末尾。如果文件不存在，则将创建新文件。
with open('example.txt', 'a', encoding='utf-8') as file:
    file.write("\nAppending a new line.")
```

（3）写入多行内容。代码如下：

```
# 使用 file.writelines(lines) 方法将一个字符串列表写入文件。
lines = ["First line.\n", "Second line.\n", "Third line.\n"]
with open('example.txt', 'w', encoding='utf-8') as file:
    file.writelines(lines)
```

8.2.3 文件的复制与重命名

在 Python 中，复制与重命名文件可以通过标准库 shutil 和 os 模块来完成。shutil 模块提供了高层次的文件操作函数，而 os 模块可以用于与操作系统进行交互，如文件重命名。

1. 文件的复制

使用 shutil 模块中的 copy() 或 copy2() 方法复制文件。shutil.copy() 函数可以复制文件内容和权限，但不会复制元数据（如创建时间、修改时间等）。代码如下：

```
import shutil
# 复制文件
shutil.copy('source_file.txt', 'destination_file.txt')
```

shutil.copy2() 函数不仅复制文件内容和权限，还会复制文件的元数据。代码如下：

```
import shutil
# 复制文件，连同元数据一起复制
shutil.copy2('source_file.txt', 'destination_file.txt')
```

2. 文件的重命名

文件的重命名可以使用 os 模块中的 rename() 函数，它不仅可以重命名文件，也可以移动文件（将文件移动到新路径）。代码如下：

```
import os
# 重命名文件
os.rename('old_filename.txt', 'new_filename.txt')
```

如果目标路径和原始路径不同，那么 os.rename() 也可以实现文件的移动。代码如下：

```
import os
# 将文件从一个路径移动到另一个路径，同时重命名
os.rename('/path/to/source_file.txt', '/new/path/to/destination_file.txt')
```

3. 错误处理

在处理文件复制和重命名时，可能会遇到错误，例如文件不存在或权限不足。在这种情况下，可以使用 try-except 来捕获并处理这些错误。代码如下：

```
import shutil
import os
try:
    # 复制文件
    shutil.copy('source_file.txt', 'copy_of_source_file.txt')
    # 重命名文件
    os.rename('copy_of_source_file.txt', 'renamed_file.txt')
except FileNotFoundError:
    print("文件未找到")
```

```
except PermissionError:
    print("没有足够的权限")
except Exception as e:
    print(f"发生了错误：{e}")
```

8.2.4 目录操作

在 Python 中，os 和 shutil 模块提供了多种方法来处理目录操作。常见的目录操作包括创建目录、删除目录、列出目录内容、复制目录以及移动目录。

1. 创建目录

使用 os.makedirs() 或 os.mkdir() 创建目录。os.makedirs() 可以递归地创建多级目录，而 os.mkdir() 只创建单级目录。代码如下：

```
import os
# 创建单个目录
os.mkdir('new_directory')
# 创建多级目录
os.makedirs('parent_directory/child_directory')
```

2. 删除目录

使用 os.rmdir() 或 shutil.rmtree() 删除目录。os.rmdir() 只能删除空目录，而 shutil.rmtree() 可以递归删除非空目录及其内容。代码如下：

```
import os
# 删除空目录
os.rmdir('empty_directory')
# 递归删除非空目录
shutil.rmtree('non_empty_directory')
```

3. 列出目录内容

使用 os.listdir() 可以列出指定目录中的所有文件和子目录。代码如下：

```
import os
# 列出目录中的所有文件和目录
items = os.listdir('some_directory')
print(items)
```

4. 复制目录

使用 shutil.copytree() 递归复制整个目录及其内容。代码如下：

```
import shutil
# 复制目录及其内容
shutil.copytree('source_directory', 'destination_directory')
```

5. 移动目录

使用 shutil.move() 可以将目录移动到新位置。代码如下：

```
import shutil
# 移动目录
shutil.move('source_directory', 'destination_directory')
```

6. 错误处理

在处理目录时，可能会遇到权限不足、目录不存在等问题，可以使用 try-except 来捕获并处理这些错误。代码如下：

```
import os
import shutil
try:
    # 创建目录
    os.makedirs('example_directory')
    # 删除目录
    os.rmdir('example_directory')
except FileExistsError:
    print("目录已存在")
except FileNotFoundError:
    print("目录未找到")
except PermissionError:
    print("没有足够的权限")
except Exception as e:
    print(f"发生了错误：{e}")
```

8.2.5 文件路径操作

在 Python 中，文件路径操作可以通过 os.path 模块和 pathlib 模块来实现。这些模块提供了许多方便的方法来处理文件路径，包括拼接路径、获取文件名和目录名、判断路径是否存在等。

1. 获取文件的绝对路径

使用 os.path.abspath() 或 pathlib.Path().resolve() 来获取文件或目录的绝对路径。使用 os.path 的代码如下：

```
import os
# 获取文件的绝对路径
absolute_path = os.path.abspath('example.txt')
print(absolute_path)
```

使用 pathlib 的代码如下：

```
from pathlib import Path
# 获取文件的绝对路径
```

```
absolute_path = Path('example.txt').resolve()
print(absolute_path)
```

2. 拼接路径

使用 os.path.join() 或 pathlib.Path() 可以方便地拼接多个路径片段。使用 os.path 的代码如下：

```
import os
# 拼接路径
path = os.path.join('folder', 'subfolder', 'file.txt')
print(path)
```

使用 pathlib 的代码如下：

```
from pathlib import Path
# 拼接路径
path = Path('folder') / 'subfolder' / 'file.txt'
print(path)
```

3. 获取文件名或目录名

使用 os.path.basename() 获取文件或目录名，使用 os.path.dirname() 获取文件的目录路径。使用 os.path 的代码如下：

```
import os
# 获取文件名
file_name = os.path.basename('/path/to/file.txt')
print(file_name)
# 获取目录路径
directory_name = os.path.dirname('/path/to/file.txt')
print(directory_name)
```

使用 pathlib 的代码如下：

```
from pathlib import Path
# 获取文件名
file_name = Path('/path/to/file.txt').name
print(file_name)
# 获取目录路径
directory_name = Path('/path/to/file.txt').parent
print(directory_name)
```

4. 获取文件扩展名

使用 os.path.splitext() 可以获取文件的扩展名。使用 os.path 的代码如下：

```
import os
# 获取文件扩展名
file_name, file_extension = os.path.splitext('file.txt')
print(file_extension)
```

使用 pathlib 的代码如下：

```
from pathlib import Path
# 获取文件扩展名
file_extension = Path('file.txt').suffix
print(file_extension)
```

5. 判断路径是否存在

使用 os.path.exists() 或 pathlib.Path.exists() 来判断文件或目录路径是否存在。使用 os.path 的代码如下：

```
import os
# 判断路径是否存在
if os.path.exists('example.txt'):
    print("文件存在")
else:
    print("文件不存在")
```

使用 pathlib 的代码如下：

```
from pathlib import Path
# 判断路径是否存在
if Path('example.txt').exists():
    print("文件存在")
else:
    print("文件不存在")
```

6. 判断路径是文件还是目录

使用 os.path.isfile() 判断是否为文件，使用 os.path.isdir() 判断是否为目录。使用 os.path 的代码如下：

```
import os
# 判断是否为文件
if os.path.isfile('example.txt'):
    print("这是一个文件")
# 判断是否为目录
if os.path.isdir('some_directory'):
    print("这是一个目录")
```

使用 pathlib 的代码如下：

```
from pathlib import Path
# 判断是否为文件
if Path('example.txt').is_file():
    print("这是一个文件")
# 判断是否为目录
if Path('some_directory').is_dir():
    print("这是一个目录")
```

任务 8.3　异常处理

典型案例

自定义异常处理

编写一个程序，模拟银行账户的存取款操作。如果取款金额超过账户余额，那么程序应抛出自定义异常 InsufficientFundsError，并在主程序中捕获和处理该异常。代码如下：

```
class InsufficientFundsError(Exception):
    def __init__(self, balance, amount):
        super().__init__(f"余额不足！当前余额为 {balance}，但取款金额为 {amount}")
class BankAccount:
    def __init__(self, balance=0):
        self.balance = balance
    def deposit(self, amount):
        self.balance += amount
        print(f"存款成功！当前余额：{self.balance}")
    def withdraw(self, amount):
        if amount > self.balance:
            raise InsufficientFundsError(self.balance, amount)
        self.balance -= amount
        print(f"取款成功！当前余额：{self.balance}")
# 测试
account = BankAccount(100)
account.deposit(50)
try:
    account.withdraw(200)  # 尝试取款超过余额
except InsufficientFundsError as e:
    print(e)
```

案例说明

该案例展示了如何定义和使用自定义异常。在银行账户操作的模拟中，当用户试图取出超过余额的金额时，程序会抛出自定义异常 InsufficientFundsError，并在调用者中捕获和处理该异常。

知识梳理

在 Python 中，异常处理是一种用于处理程序运行过程中可能发生的错误的机制。通过捕获和处理异常，程序可以避免崩溃并采取适当的操作来应对错误。Python 使用 try-except 结构进行异常处理，还提供了 else、finally 等语句来进一步控制异常处理流程。

8.3.1 基本的异常处理

最基础的异常处理是使用 try-except 语句。代码会在 try 块中运行，如果发生错误，程序会跳转到 except 块来处理异常，而不会终止程序。在下面的例子中，如果发生 ZeroDivisionError（除以零异常），那么程序会捕获该异常并执行 except 块中的代码。代码如下：

```
try:
    # 可能发生异常的代码
    result = 10 / 0
except ZeroDivisionError:
    # 处理除以零异常
    print("不能除以零")
```

1. 捕获多个异常

在 Python 中，可以捕获多个不同的异常并对每个异常进行不同的处理。下面的例子处理了两种不同的异常：ValueError 处理输入不是数字的情况，而 ZeroDivisionError 处理除以零的情况。代码如下：

```
try:
    # 可能发生异常的代码
    number = int(input("请输入一个数字: "))
    result = 10 / number
except ValueError:
    # 处理输入不是数字的情况
    print("请输入有效的数字")
except ZeroDivisionError:
    # 处理除以零的异常
    print("不能除以零")
```

2. 捕获所有异常

如果不确定具体会发生什么异常，那么可以使用 except Exception 来捕获所有类型的异常。尽管这样可以捕获任何异常，但一般来说，明确捕获特定类型的异常更好。代码如下：

```
try:
    # 可能发生异常的代码
    result = 10 / 0
except Exception as e:
    # 捕获所有异常，并输出异常信息
    print(f"发生异常: {e}")
```

3. 使用 else 语句

else 块会在 try 块没有发生异常时执行。它通常用于放置不需要被监控的代码，确保异常处理和正常代码执行的逻辑分离。代码如下：

```
try:
    result = 10 / 2
except ZeroDivisionError:
    print("不能除以零")
else:
    print("计算成功，结果为：", result)
```

4. 使用 finally 语句

finally 块中的代码无论是否发生异常，都会执行。它通常用于清理操作，例如关闭文件、释放资源等。代码如下：

```
try:
    file = open("example.txt", "r")
    content = file.read()
except FileNotFoundError:
    print("文件未找到")
finally:
    file.close() # 无论发生什么异常，都确保文件被关闭
```

5. 抛出异常

Python 程序中的异常不仅可以由系统抛出，还可以由开发人员使用关键字 raise 主动抛出。代码如下：

```
def check_age(age):
    if age < 18:
        raise ValueError("年龄不能小于 18 岁")
    else:
        print("年龄合法")
try:
    check_age(15)
except ValueError as e:
    print(e)
```

8.3.2 自定义异常

开发人员可以定义自己的异常类，通过继承内置的 Exception 类来实现自定义异常。代码如下：

```
class InvalidAgeError(Exception):
    def __init__(self, age, message="年龄无效"):
        self.age = age
        self.message = message
        super().__init__(self.message)
try:
    age = int(input("请输入你的年龄："))
```

```
    if age < 0:
        raise InvalidAgeError(age)
except InvalidAgeError as e:
    print(f"{e}: {e.age}")
```

知识拓展

在学习了 Python 的基本文件操作和异常处理后，理解如何应对更复杂的场景将进一步提升编写稳健代码的能力。

1. 文件操作中的缓冲

在打开文件时，用户可以通过 open() 函数的 buffering 参数控制文件的缓冲行为。默认情况下，Python 会对文件进行缓冲，提高效率。当 buffering=0 时，不使用缓冲，适用于二进制模式；当 buffering=1 时，使用行缓冲，适用于文本模式；当 buffering>1 时，使用指定大小的缓冲区。代码如下：

```
with open('log.txt', 'w', buffering=1) as file:
    file.write("实时写入")
```

2. 日志记录与异常处理相结合

在开发真实项目时，记录日志可以帮助开发者追踪异常信息并在之后进行问题分析。Python 的 logging 模块允许开发者记录程序运行过程中发生的事件，包括捕获的异常信息。代码如下：

```
import logging
logging.basicConfig(filename='app.log', level=logging.ERROR)
try:
    result = 10 / 0
except ZeroDivisionError:
    logging.error("发生除以零的错误", exc_info=True)
```

项目小结

在本项目中，我们深入探讨了 Python 中的文件操作和异常处理机制。读者掌握了如何通过 open() 函数进行文件的创建、读取、写入以及使用 os 和 shutil 模块来复制、重命名和删除文件与目录。本项目涵盖了文件路径操作、目录管理等基本技能。在异常处理部分，读者了解了 try-except 结构，学会捕获常见的异常类型如 FileNotFoundError、PermissionError 和 ValueError，并通过 else 和 finally 块确保资源得到正确释放。自定义异常的引入，让读者可以根据业务逻辑需求创建特定的错误类型。通过这一项目，读者不仅掌握了文件操作的基础知识，还学会了如何设计健壮的异常处理机制，提高了程序的容错性与可维护性。这些技能将为后续复杂项目中的错误处理和文件管理打下坚实的基础。

课后习题

一、单项选择题

1. 以下哪个函数用于打开文件进行读取操作？（　　）

A. open('filename', 'w')　　B. open('filename', 'r')

C. open('filename', 'a')　　D. open('filename', 'rb')

2. 下列哪个模块提供了高级的文件复制操作？（　　）

A. os　　B. sys　　C. shutil　　D. pathlib

3. 在 Python 中，如何确保无论是否发生异常，文件资源都能被正确释放？（　　）

A. 只使用 try-except　　B. 使用 try-except-else

C. 使用 try-except-finally　　D. 使用 try-except 并手动关闭文件

4. 以下哪个异常在尝试读取不存在的文件时会被抛出？（　　）

A. ValueError　　B. FileNotFoundError

C. TypeError　　D. IOError

5. 下列哪个方法用于获取文件的扩展名？（　　）

A. os.path.basename()　　B. os.path.dirname()

C. os.path.splitext()　　D. os.path.exists()

6.【Python 二级真题】以下关于 Python 文件操作的说法，错误的是（　　）。

A. 使用 open() 函数打开文件时，必须指定文件的操作模式

B. 可以使用 read() 方法一次性读取文件中的所有内容

C. 文件操作完成后，应该使用 close() 方法关闭文件，以释放资源

D. 以追加模式（'a'）打开文件时，若文件不存在，则会创建一个新文件

二、编程题

1. 编写一个 Python 程序，要求用户输入文件名。如果文件存在，则读取并输出其内容；如果文件不存在，则提示“文件未找到”。

2. 编写一个 Python 程序，要求用户输入一个数字。如果用户输入的不是整数，那么程序应捕获 ValueError 异常，并提示“请输入有效的整数”。

3. 编写一个 Python 程序，读取文件 data.txt，并写入文件 output.txt。文件内容如下：

```
Hello, world!
Python is great.
```

4.【Python 二级真题】编写一个程序，从一个名为 input.txt 的文件中读取内容，将文件中的所有数字提取出来并求和，把结果写入一个名为 output.txt 的新文件中。假设文件中的内容只包含数字和字母。

项目 9

Python 数据挖掘与分析

学习目标

知识目标：

- 掌握数据分析的流程和基本工具。
- 了解数据分析的基本概念、思维、处理过程。

技能目标：

- 能够应用 Python 进行数据的读写、整理、清洗和处理。
- 能够应用 NumPy 和 Pandas 进行统计分析。
- 能够应用 Seaborn 进行可视化分析。

素养目标：

- 具备结构化思维和逻辑思维能力。
- 具备对新知识和新技术进行自主更新、终身学习的能力。
- 具备互联网思维和大数据思维，具有一定的创新意识。

项目描述

大数据时代已经到来，在商业、经济及其他领域中基于数据挖掘与分析去发现问题并做出科学、客观的决策越来越重要。数据挖掘与分析技术将帮助企业用户在合理时间内获取、清理以及整理海量数据，为企业经营决策提供积极的帮助。本项目将利用 Python 的综合知识进行具体的数据挖掘与分析操作，将从数据爬虫获取，到数据清洗和整理，再到利用可视化工具进行数据的展示，实现数据处理的全流程。

知识导图

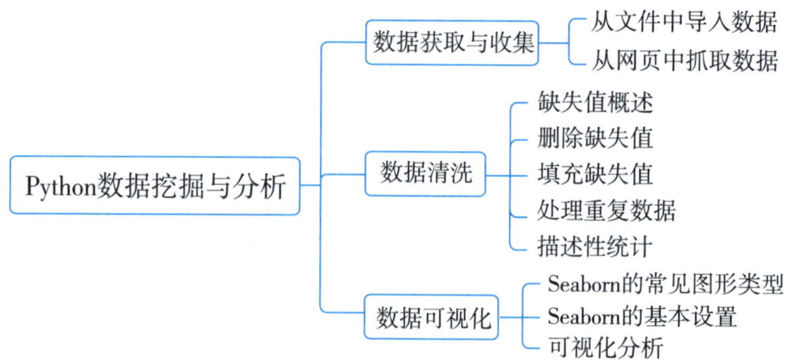

任务 9.1　数据获取与收集

典型案例

中国高票房电影分析

本案例首先通过爬虫完成对“猫眼专业版”网页中中国电影票房总榜的数据获取，然后对获取的数据进行清洗和整理，最后利用 barplot 函数和 lineplot 函数对高票房电影进行可视化展示分析。具体代码如下：

```
# 导入包
import requests
import pandas as pd
import numpy as np
import seaborn as sns
from bs4 import BeautifulSoup
import matplotlib.pyplot as plt
# 获取数据
headers = {'User-Agent': 'Mozilla/5.0 (Windows NT 10.0; Win64; x64) AppleWebKit/537.36 (KHTML,
like Gecko) Chrome/116.0.0.0 Safari/537.36 Edg/116.0.1938.62'}
res = requests.get('https://piaofang.maoyan.com/rankings/year',headers=headers)
html = res.text
soup = BeautifulSoup(html, 'html.parser')
soup = soup.find('div', id='ranks-list')
film_list = []
for ul_tag in soup.find_all('ul', class_='row'):
    film_info = {}
    li_tags = ul_tag.find_all('li')
    film_info['序号'] = li_tags[0].text
    film_info['标题'] = li_tags[1].find('p', class_='first-line').text
    film_info['上映日期'] = li_tags[1].find('p', class_='second-line').text
```

```
        film_info['票房(亿元)'] = f'{(float(li_tags[2].text)/10000):.2f}'
        film_info['平均票价'] = li_tags[3].text
        film_info['平均人次'] = li_tags[4].text
        film_list.append(film_info)
film=pd.DataFrame(film_list)
# 数据清洗
film=film.set_index('序号').loc[:'250',:]          # 获取票房前 250 的电影
film['上映日期']=pd.to_datetime(film['上映日期'].str.replace('上映',''))
film[['票房(亿元)','平均票价','平均人次']]=film.loc[:,['票房(亿元)','平均票价','平均人次']].astype(-
float)
film['年份']=film['上映日期'].dt.year
film['月份']=film['上映日期'].dt.month
# 数据可视化分析
plt.rcParams ['font.sans-serif'] ='SimHei'                                    # 显示中文
# 显示票房前 10 的电影
top_film = film.nlargest(10, '票房(亿元)')
plt.figure(figsize=(10, 5))
ax=sns.barplot(x='票房(亿元)', y='标题', data=top_film, orient='h')
plt.title('票房前10的电影')
plt.xlabel('票房(亿元)' )
plt.ylabel('电影名称')
# 显示不同年份高票房电影趋势图
plt.figure(figsize=(10, 5))
year = film['年份'].value_counts().sort_index()
sns.lineplot(x=year.index, y=year.values)
plt.title('不同年份高票房电影趋势图')
plt.xlabel('年份')
plt.ylabel('电影数量')
plt.show()
```

案例说明

（1）利用爬虫获取“猫眼专业版”网页中电影票房前 250 的数据后，对数据进行清洗，利用 barplot 函数输出影片《哪吒之魔童闹海》《长津湖》《战狼 2》等票房前 10 的电影，横轴表示票房收入，单位为亿元，纵轴表示电影名称，如图 9-1 所示。

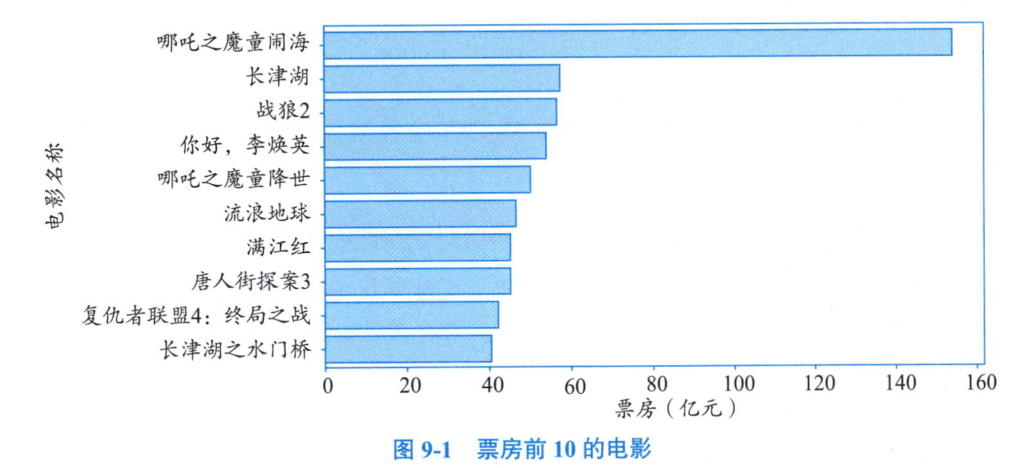

图 9-1　票房前 10 的电影

（2）利用 lineplot 函数输出不同年份高票房电影数量趋势，如图 9-2 所示。从图中可以看出，2010 年开始我国高票房电影数量高速增长，2019—2025 年电影票房波动较大，原因有二：一方面，影片质量和类型同质化，让观众产生了审美疲劳；另一方面，娱乐方式多元化，让观众的观影习惯发生了改变，越来越多的人倾向于在线观看电影或者通过短视频平台获取影视内容，减少了去电影院的频率。

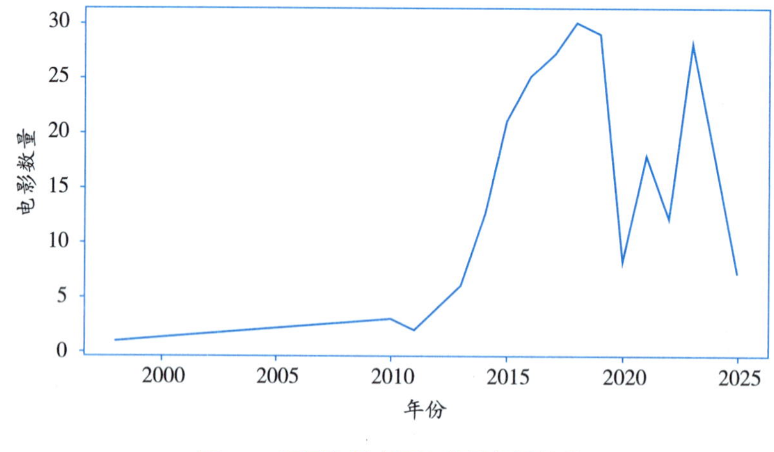

图 9-2　不同年份高票房电影数量趋势

知识梳理

数据获取与收集是进行数据挖掘的第一步，例如从文件中读取数据或者从网页中抓取数据。典型案例中，中国高票房电影分析就是从网页中抓取数据，输出网页的源代码，得到源代码后，提取想要的链接、图片地址和文本等信息。数据获取与收集的方法有很多，下面介绍两类比较常见的方法。

9.1.1 从文件中导入数据

1. read_csv

Pandas 中使用 read_csv() 函数读取 CSV 或 TXT 文件的数据，并将读取的数据转换成一个 DataFrame 类对象。其语法格式如下：

```
read_csv(filepath_or_buffer, sep=',', delimiter=None, header='infer', names=None, encoding=None...)
```

说明： filepath_or_buffer，表示文件的路径，可以取值为有效的路径字符串、路径对象或类似文件的对象；sep，表示指定的分隔符，默认为“,”；delimiter，也是表示指定的分隔符，若 sep 未指定，则 delimiter 会被用来指定分隔符，默认为 None；header，表示指定文件中的哪一行数据作为 DataFrame 类对象的列索引，默认为 0，即第一行数据作为列索引；names，表示 DataFrame 类对象的列索引列表；encoding，表示指定的编码格式。

例如，读取 CSV 文件中的数据，代码如下：

```
import pandas as pd
data = pd.read_csv(r'C:\Users\Administrator\Desktop\huawei.csv',encoding='gbk')
print(data)
```

2. read_excel

Pandas 中使用 read_excel() 函数读取 Excel 文件中指定工作表的数据，并将数据转换成一个结构与工作表相似的 DataFrame 类对象。其语法格式如下：

```
pandas.read_excel(io, sheet_name=0, header=0, names=None, index_col=None, usecols=None)
```

说明： io，表示要读取的 Excel 文件的路径（字符串）或者可迭代对象，如文件对象、Excel 表格 URL、Excel 文件中的表名等；sheet_name，表示要读取的 Sheet 的名称或索引（默认为 0）；header，表示指定列名所在的行数，默认为 0，表示第一行；names，表示自定义列名（列表形式），如果不指定，则默认使用 Excel 文件中的列名；index_col，表示指定作为行索引的列，默认为 None，表示不使用任何列作为索引；usecols，表示指定要读取的列（列表形式），可以是列名或列索引。

例如，读取 Excel 文件中的数据，代码如下：

```
import pandas as pd
data=pd.read_excel(r'C:\Users\Administrator\Desktop\ 巴黎奥运会奖牌榜 .xlsx')
print(data.head(5))
```

注意： 当使用 read_excel() 函数读取 Excel 文件时，若出现 ImportError 异常，则说明当前 Python 环境中缺少读取 Excel 文件的依赖库 xlrd，需要手动安装依赖库 xlrd（pip install xlrd）进行解决。

9.1.2 从网页中抓取数据

Python 有很多库可以用来进行网页爬取，最常见的是 requests 库和 BeautifulSoup 库。首先，使用 requests 库发送 HTTP 请求来获取网页的内容。然后，通过 BeautifulSoup 库对 HTML 内容进行解析、定位和提取数据。最后，将爬取到的数据保存到本地文件或数据库中。

从网页中获取数据请参照典型案例“中国高票房电影分析”中第 9～26 行代码。

任务 9.2 数据清洗

知识梳理

数据清洗是数据科学和机器学习领域中的重要环节，涉及数据的预处理、转换、清理和整理等工作。在现实生活中，数据通常是不完美的，可能包含错误、缺失值、重复值等问题，因此需要进行数据处理和清洗。

9.2.1 缺失值概述

空值一般表示数据未知、不适用或将在以后添加数据。缺失值是指数据集中某个或某些属性的值是不完整的。一般来说，空值使用 None 表示，缺失值使用 NaN 表示。在 Pandas 中，检测缺失值的常用方法包括 isnull()、notnull()、isna() 和 notna()。

说明： isnull() 和 isna() 方法的用法相同，它们会在检测到缺失值的位置标记 True；notnull() 和 notna() 方法的用法相同，它们会在检测到缺失值的位置标记 False。

例如：首先使用 pd.DataFrame() 函数来构造一个包含缺失数据的 DataFrame，然后使用 isna() 方法检测是否存在缺失值。代码如下：

```
import pandas as pd
import numpy as np
df = pd.DataFrame({'A':[1, 2, 3, 4],'B':[5, 6, 7, 8],'C':[9, 10, 11, 12],'D':[13, 14, np.NaN, np.NaN]})
df                                    # 输出结果如图 9-3 所示
df.isna()                             # 输出结果如图 9-4 所示
```

	A	B	C	D
0	1	5	9	13.0
1	2	6	10	14.0
2	3	7	11	NaN
3	4	8	12	NaN

图 9-3　包含缺失值的 DataFrame

	A	B	C	D
0	False	False	False	False
1	False	False	False	False
2	False	False	False	True
3	False	False	False	True

图 9-4　使用 isna 方法判断结果

9.2.2 删除缺失值

Pandas 中使用 dropna() 方法删除缺失值所在的一行或一列数据，并返回一个删除缺失值后的新对象。其语法格式如下：

```
DataFrame.dropna(axis=0, how='all', thresh=None, subset=None, inplace=False)
```

说明： axis，表示是否删除包含缺失值的行或列，默认为 0，即按行删除；how，表示删除缺失值的方式，how='all' 代表整行都是缺失值才丢弃；thresh，表示保留至少有 N 个非 NaN 值的行或列；subset，表示删除指定列的缺失值；inplace，表示是否操作原数据。

例如，指定一个阈值 thresh，要求至少几列数据不是缺失值，代码如下：

```
df.dropna(thresh = 4)
```

程序运行结果如图 9-5 所示。

	A	B	C	D
0	1	5	9	13.0
1	2	6	10	14.0

图 9-5　指定阈值

9.2.3 填充缺失值

Pandas 提供了 fillna() 方法填充缺失值，既可以使用指定的数据填充，也可以使用缺失值前面或后面的数据填充。其语法格式如下：

```
DataFrame.fillna(value=None, method=None, axis=None, inplace=False, limit=None, downcast=None)
```

说明： method：表示填充的方式，默认值为 None。该参数还支持 'pad' 或 'ffill' 和 'backfill' 或 'bfill' 几种取值，其中，'pad' 或 'ffill' 表示使用缺失值前面的有效值填充缺失值，'backfill' 或 'bfill' 表示使用缺失值后面的有效值填充缺失值。limit：表示可以连续填充的最大数量。

例如，使用缺失值前面的值或均值进行填充，代码如下：

```
df.fillna(method='ffill')                # 使用缺失值前面的值填充，结果如图 9-6 所示
df.fillna(df.mean())                     # 使用均值填充，结果如图 9-7 所示
```

	A	B	C	D
0	1	5	9	13.0
1	2	6	10	14.0
2	3	7	11	14.0
3	4	8	12	14.0

图 9-6　填充结果（1）

	A	B	C	D
0	1	5	9	13.0
1	2	6	10	14.0
2	3	7	11	13.5
3	4	8	12	13.5

图 9-7　填充结果（2）

9.2.4 处理重复数据

Pandas 中使用 duplicated() 方法来检测数据中的重复值，返回一个由布尔值组成的 Series 类对象。若该对象中包含 True，则说明 True 对应的一行数据为重复项。重复值的一般处理方式是使用 drop_duplicates() 方法删除重复值。

例如，假设有如下数据，代码如下：

```
stu = pd.DataFrame({'name': [' 孙颖 ', ' 王昊 ', ' 李倩倩 ', ' 郝婷婷 ', ' 郝婷婷 ', ' 马龙 '], 'age': [18, 19, 19,
22, 22, 23], 'height': [162, 175, 175, 165, 165, 178], 'gender': [' 女 ', ' 男 ', ' 女 ', ' 女 ', ' 女 ', ' 男 ']})
stu                                      # 输出 stu 信息，结果如图 9-8 所示
```

通过 duplicated() 函数，输出哪些行有重复数据。代码如下：

```
stu.duplicated()                         # 结果如图 9-9 所示
```

	name	age	height	gender
0	孙颖	18	162	女
1	王昊	19	175	男
2	李倩倩	19	175	女
3	郝婷婷	22	165	女
4	郝婷婷	22	165	女
5	马龙	23	178	男

图 9-8　包含重复值的 DataFrame

```
0        False
1        False
2        False
3        False
4         True
5        False
dtype : bool
```

图 9-9　检测 stu 对象中的重复值

通过 drop_duplicates() 函数，删除重复记录，并返回删除重复记录后的结果。代码如下：

```
stu.drop_duplicates()                # 结果如图 9-10 所示
```

	name	age	height	gender
0	孙颖	18	162	女
1	王昊	19	175	男
2	李倩倩	19	175	女
3	郝婷婷	22	165	女
5	马龙	23	178	男

图 9-10　删除重复记录

通过 mean() 函数计算一组数值的平均值。代码如下：

```
print(stu.mean())                # 结果如图 9-11 所示
```

```
age          20.2
height      171.0
dtype : float64
```

图 9-11　查看均值结果

9.2.5 描述性统计

Pandas 提供了丰富的内置统计函数，主要用于对数值型数据进行快速汇总分析。常见的统计函数包括：非空值计数（count）、最小值（min）、最大值（max）、均值（mean）、中位数（median）、标准差（std）、方差（var）、分位数（quantile）、协方差（cov）等。这些统计函数使用简便，适合数据探索与分析。这里列举几个例子，其余写法基本相似。

例如，有如下数据，代码如下：

```
奥运会奖牌榜 = pd.DataFrame({'国家 / 地区 ': [' 中国', '美国', '澳大利亚', '日本', '法国'],
'金牌': [40, 40, 18, 20, 16], '银牌': [27, 44, 19, 12, 26], '铜牌': [24, 42, 16,13, 22]})
奥运会奖牌榜                          # 程序运行结果如图 9-12 所示。
```

	国家/地区	金牌	银牌	铜牌
0	中国	40	27	24
1	美国	40	44	42
2	澳大利亚	18	19	16
3	日本	20	12	13
4	法国	16	26	22

图 9-12　奥运会奖牌榜

可以通过 sum() 函数计算奖牌数量之和。代码如下：

```
奥运会奖牌榜 .sum(axis = 1)          # 按行计算奖牌数量，结果如图 9-13 所示
```

```
0     91
1    126
2     53
3     45
4     64
dtype: int64
```

图 9-13　奖牌数量之和

还可以通过 sort_values() 函数排序，ascending = False 参数表明是降序排列。代码如下：

```
sorted_df = 奥运会奖牌榜.sort_values(by = '银牌',ascending = False )
sorted_df                                    # 按某列值排序，结果如图 9-14 所示
```

	国家/地区	金牌	银牌	铜牌
1	美国	40	44	42
0	中国	40	27	24
4	法国	16	26	22
2	澳大利亚	18	19	16
3	日本	20	12	13

图 9-14　排序显示

```
sorted_df1 = sorted_df.sort_index()
sorted_df1                                  # 按列标签排序，结果如图 9-15 所示
```

	国家/地区	金牌	银牌	铜牌
0	中国	40	27	24
1	美国	40	44	42
2	澳大利亚	18	19	16
3	日本	20	12	13
4	法国	16	26	22

图 9-15　排序显示

任务 9.3　数据可视化

知识梳理

数据可视化是数据分析中至关重要的环节。面对海量而复杂的数据，数据可视化能够帮助我们以更直观、更高效的方式洞察数据背后的模式、趋势与异常。在 Python 生态中，Matplotlib 作为最基础且广泛使用的绘图库，提供了强大的绘图能力与极高的灵活性，几乎可以实现所有类型的图表绘制。然而，Matplotlib 作为底层绘图工具，其 API 相对烦琐，绘制一张美观且信息丰富的图表往往需要大量代码和细致的参数调整。对于探索性数据分析（EDA）而言，这种“低效”的绘图过程会拖慢分析节奏。为解决这一问题，有人开发了 Seaborn——一个基于 Matplotlib 的高级数据可视化库。Seaborn 在 Matplotlib 的基础上进行了优雅的封装，提供了简洁、直观的高级 API，让用户能够用更少的代码快速生成更具美感和统计意义的图表。同时，它无缝集成于 Python 数据科学栈（如 Pandas、NumPy、SciPy 等），非常适合用于数据分析与机器学习。

Seaborn 相较于 Matplotlib，具有以下核心优势：

（1）丰富的统计图表支持：Seaborn 内置多种专为统计分析设计的图表类型，如核密度估计图、箱线图、小提琴图、热力图、成对关系图等，极大地简化了复杂统计关系的可视化过程。

（2）简洁直观的 API 设计：函数命名清晰，参数语义明确，代码可读性强。例如，一行代码即可完成分组绘图、回归拟合、置信区间展示等复杂操作。

（3）面向数据集的接口：支持 Pandas DataFrame，可直接通过列名指定变量，自动处理标签、分组和图例，显著提升分析效率。

（4）强大的分组与分面可视化能力：支持按类别变量自动分组绘图（如 hue、col、row 参数），并可通过 FacetGrid 轻松构建多子图布局，便于比较不同子群体之间的差异。

（5）自动化美学优化：自动优化颜色搭配、坐标轴样式、字体大小和图例布局，并提供多种内置主题（如 darkgrid、white 等）和调色板工具，生成的图表更具现代感与专业性。

（6）多变量关系建模与可视化：能够直观展示多个变量之间的关联结构，支持联合分布、条件分布、回归关系等复杂分析场景。

（7）分布与统计的深度集成：可轻松绘制单变量或多变量分布图，并支持与子数据集进行对比分析；内置线性回归拟合与参数估计功能，便于探索变量间的依赖关系。

（8）复杂数据结构的简化表达：对于高维或结构化数据（如相关矩阵、聚类结果），Seaborn 提供了高度抽象的接口（如 clustermap），使整体结构一目了然。

（9）样式与色彩的灵活控制：提供丰富的调色板工具（如 husl、colorblind），支持自定义配色方案，确保图表在视觉上传达清晰且包容性强。

Seaborn 并非取代 Matplotlib，而是对其的有力补充，它将数据分析从业者从烦琐的绘图代码中解放出来，使用户能够将更多精力集中在数据分析上。在探索性数据分析阶段，Seaborn 凭借其简洁性、美观性与统计深度，已成为 Python 社区中最受欢迎的可视化工具之一。

9.3.1 Seaborn 的常见图形类型

Seaborn 的常见图形类型有以下几种。

（1）散点图（Scatter Plot）：使用 sns.scatterplot() 函数生成散点图，用于展示两个特征之间的关系。

（2）柱状图（Bar Plot）：使用 sns.barplot() 函数生成柱状图，用于展示分类数据的频数或百分比。

（3）箱线图（Box Plot）：使用 sns.boxplot() 函数生成箱线图，用于展示数据的分布情况，包括最小值、最大值、中位数、四分位数等。

（4）热力图（Heatmap）：使用 sns.heatmap() 函数生成热力图，用于展示数据的相关性或聚类情况。

（5）直方图（Histogram）：使用 sns.histplot() 函数生成直方图，用于展示数据的分布情况，包括频数或概率密度等。

（6）小提琴图（Violin Plot）：使用 sns.violinplot() 函数生成小提琴图，用于展示数据的分布情况，包括最小值、最大值、中位数、四分位数等，以及数据的核密度估计。

（7）核密度估计图（Kernel Density Estimation Plot）：使用 sns.kdeplot() 函数生成核密度估计图，用于展示数据的核密度估计。

（8）成对图（Pair Plot）：使用 sns.pairplot() 函数生成成对图，用于展示多个特征之间的关系。

（9）多元线性回归图（Multiple Linear Regression Plot）：使用 sns.lmplot() 函数生成多元线性回归图，用于展示多个特征之间的线性关系。

（10）分类数据的关系图（Relational Plot）：使用 sns.relplot() 函数生成分类数据的关系图，用于展示分类数据之间的关系。

9.3.2 Seaborn 的基本设置

Seaborn 装载了一些默认主题风格，主题风格的选择通过 sns.set() 方法实现。sns.set() 可以设置 5 种风格的图表背景：darkgrid, whitegrid, dark, white, ticks。这些图表背景通过参数 style 设置，默认情况下为 darkgrid 风格。下面以 Seaborn 自带数据集为例进行讲解。

导入 Seaborn 内置数据集，具体代码如下所示：

```
import matplotlib.pyplot as plt
import seaborn as sns                    # 导入 Seaborn
import numpy as np
import pandas as pd
%matplotlib inline
sns.get_dataset_names()                  # 获取数据集列表
pdata = sns.load_dataset('tips')         # 导入数据集
pdata                                    # 显示示例数据
```

程序运行结果如图 9-16 所示。

	total_bill	tip	sex	smoker	day	time	size
0	16.99	1.01	Female	No	Sun	Dinner	2
1	10.34	1.66	Male	No	Sun	Dinner	3
2	21.01	3.50	Male	No	Sun	Dinner	3
3	23.68	3.31	Male	No	Sun	Dinner	2
4	24.59	3.61	Female	No	Sun	Dinner	4
...	...	...	...	...	...	...	...
239	29.03	5.92	Male	No	Sat	Dinner	3
240	27.18	2.00	Female	Yes	Sat	Dinner	2
241	22.67	2.00	Male	Yes	Sat	Dinner	2
242	17.82	1.75	Male	No	Sat	Dinner	2
243	18.78	3.00	Female	No	Thur	Dinner	2

244 rows x7 columns

图 9-16 示例数据

假如要可视化示例数据中总账单（total_bill）和小费（tip）之间的关系，同时考虑性别的影响，具体代码如下：

```
sns.set(style = 'darkgrid',palette = 'deep',font_scale = 1.3)          # 默认风格为 darkgrid
sns.relplot(x = 'total_bill',y = 'tip',col = 'sex',hue = 'smoker',size = 'size',data = pdata)
```

程序运行结果如图 9-17 所示。

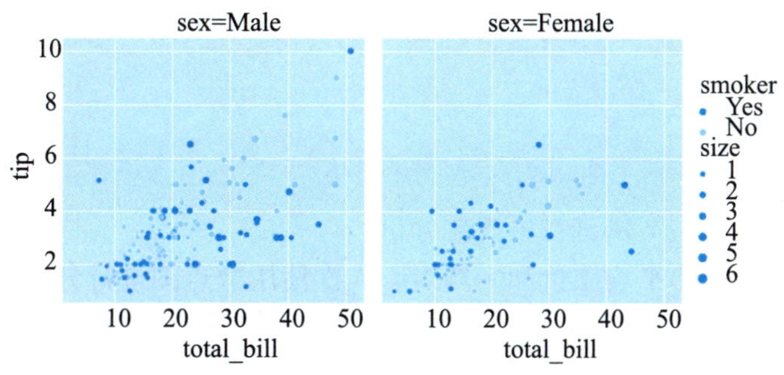

图 9-17　总账单与小费的关系（darkgrid）

说明： 使用 sns.relplot() 函数生成分类数据的关系图，示例代码按照不同性别进行可视化，从图像中可以看出 Seaborn 对整个图形样式（字体、大小、颜色、坐标轴等）进行了设置。relplot() 函数画的是散点图，col 参数表明要按照不同的性别进行可视化，hue 参数代表根据是否吸烟来着色，size 参数根据吃饭人数来决定散点大小。

如果想使用另一种样式，则通过代码 sns.set(style = 'white',palette = 'deep',font_scale = 1.3) 得到如图 9-18 所示的可视化图。Seaborn 在后台直接对底层进行了调整。

如果想修改调色板，则可以通过修改代码 sns.set(style = 'darkgrid',palette = 'Paired',font_scale = 1.3) 来改为对比色，将会得到如图 9-19 所示的图形。

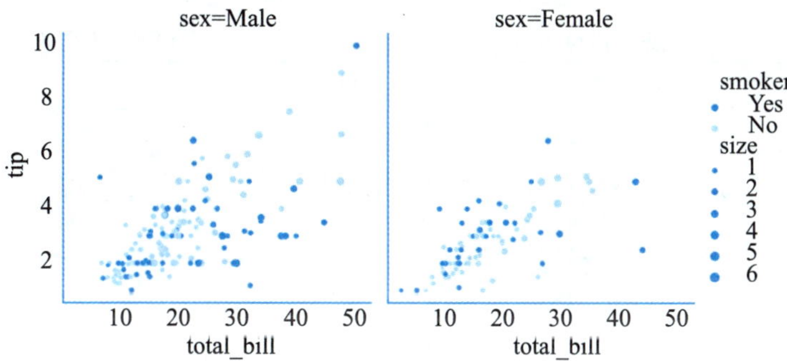

图 9-18　总账单与小费的关系（white）

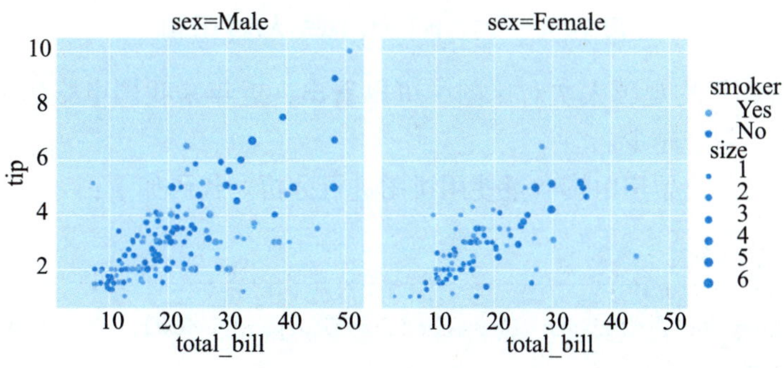

图 9-19　总账单与小费的关系（对比色）

感兴趣的读者还可以试试其他样式，这里不再一一列举。

9.3.3 可视化分析

下面针对本项目典型案例进行可视化分析。

（1）按照年份对电影平均票价和平均观影人次使用散点图进行分析。代码如下：

```
# 平均票价散点图
plt.figure(figsize=(10,10))
plt.subplot(2, 2, 1)          # 绘制第一个子图
sns.scatterplot(x='年份',y='平均票价', data=film,c=film['年份'],cmap='tab10')
plt.title('平均票价散点图')
plt.ylabel('平均票价')
# 平均观影人次散点图
plt.subplot(2, 2, 2)          # 绘制第二个子图
sns.scatterplot(x='年份', y='平均观影人次', data=film,c=film['年份'],cmap='tab10')
plt.title('平均观影人次散点图')
plt.ylabel('平均观影人次')
plt.show()
```

程序运行结果如图 9-20 所示。

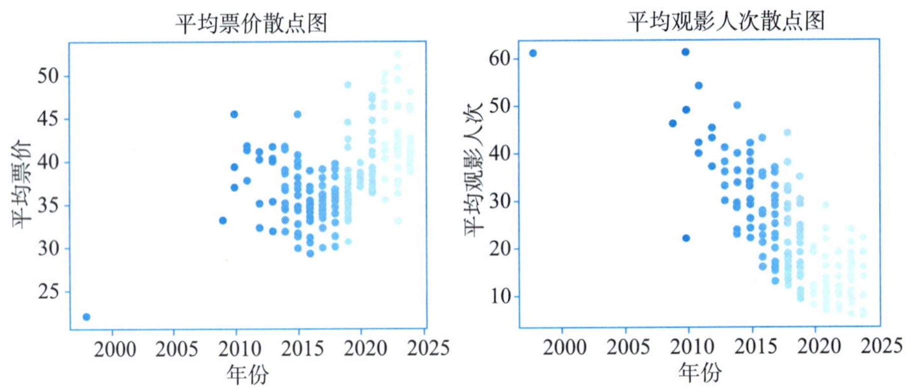

图 9-20　平均票价和平均观影人次对比图

从平均票价和平均观影人次对比图中可以看出，近年来我国电影的平均票价越来越高，平均观影人次越来越少。

（2）按照月份对高票房电影数量使用饼图进行分析。代码如下：

```
# 平均票价散点图
plt.figure(figsize=(10, 10))
month_count = film['月份'].value_counts(normalize=True).sort_index()
sns.set_palette("tab10")
plt.pie(month_count, labels=month_count.index, autopct='%.2f%%', startangle=90)
plt.title('不同月份高票房电影数量')
plt.show()
```

程序运行结果如图 9-21 所示。

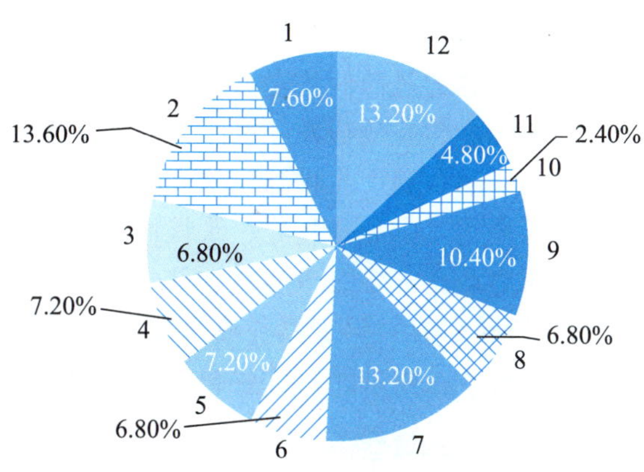

图 9-21 不同月份高票房电影数量

从不同月份高票房电影数量上来看，2 月、7 月和 12 月这三个月份占比最高，主要是因为这三个月份有假期，所以这三个时间段上映的电影一般会取得不错的票房。

知识拓展

知识图谱（Knowledge Graph）是一种用图结构来表示知识和信息的技术。它由节点（代表实体）和边（代表实体之间的关系）组成，通过这种方式清晰地展现了知识之间的关联和层次结构。

例如，在一个关于历史人物的知识图谱中，“秦始皇”是一个节点，与之相连的边可能包括“出生朝代”“主要功绩”“配偶”等关系，分别指向相应的节点，如“秦朝”“统一六国”“赵姬”等。

1. 知识图谱的发展历程

知识图谱的概念并非一蹴而就，而是在多个领域的研究和实践中逐渐发展起来的。早期的语义网络和本体论研究为知识图谱的出现奠定了基础。语义网络通过节点和边来表示语义关系，但缺乏明确的定义和规范。本体论则更加注重对概念和关系的定义和约束。

随着互联网的发展，搜索引擎的出现对知识组织和理解提出了更高的要求。谷歌于 2012 年提出了知识图谱的概念，并将其应用于搜索结果的优化，大大提高了搜索的准确性和智能性。

2. 知识图谱的应用领域

知识图谱在众多领域都有着广泛的应用，使各个领域发生了智能化和高效化的变革。

（1）搜索引擎：提供更准确和全面的搜索结果，理解用户的意图。例如，当用户搜索“苹果”时，不仅能返回关于苹果的信息，还能返回苹果公司的相关内容。

（2）智能问答系统：能够回答各种复杂的问题，提供准确而详细的答案。例如，用户提问“秦始皇统一六国的先后顺序是什么”，系统可以从知识图谱中获取并回答。

（3）金融领域：进行风险评估、反欺诈、投资决策等。例如，通过分析企业之间的股权关系、交易关系等，发现潜在的风险和机会。

（4）医疗健康：辅助疾病诊断、药物研发、医疗资源管理等。例如，根据患者的症状和病史，结合知识图谱中的疾病知识，提供可能的诊断建议。

（5）教育领域：实现个性化学习、智能辅导、课程推荐等。例如，根据学生的学习情况和知识掌握程度，为其推荐合适的学习内容和学习路径。

总之，知识图谱作为一种强大的知识管理和应用技术，正在不断地改变着我们获取、处理和利用知识的方式。随着技术的不断进步和创新，相信知识图谱将在未来为我们带来更多的惊喜和价值。

项目小结

本项目的典型案例首先爬取网页数据，然后进行清洗、分析，最后利用可视化编程输出不同年份平均票价、平均观影人次及不同年份高票房电影数量等，并进行数据分析。

通过对本项目的学习，读者学会了如何对数据进行挖掘和分析。读者不但学会了数据获取和收集的方法，而且学会了对数据进行清洗和整理操作，还学会了采用数据统计的方法进行分析，使用 Seaborn 绘图工具对数据做可视化操作等。

课后习题

一、单项选择题

1. 在进行销售数据分析时，使用 Python 的 Pandas 库读取一个 CSV 格式的销售数据文件，以下哪个函数是正确的读取方法？（　　）

   A. read_excel()　　B. read_csv()

   C. load_data()　　D. import_csv()

2. 在 Pandas 库中，要删除包含缺失值的行，可以使用以下哪个方法？（　　）

   A. drop_missing()　　B. remove_null_rows()

   C. dropna()　　D. delete_missing_data()

3. 在进行数据分析时，想要快速了解数据的基本统计信息，如均值、中位数、标准差等，使用 Pandas 库应该调用以下哪个方法？（　　）

   A. describe()　　B. info()

   C. statistics()　　D. summarize()

4. 假设你正在分析用户行为数据，想要找出用户在一天中最活跃的时间段。以下哪种 Python 数据可视化库和图表类型的组合最适合展示时间分布数据？（　　）

   A. Matplotlib 的折线图　　B. Seaborn 的柱状图

   C. Plotly 的散点图　　D. Pandas 的饼图

5. 在 Python 的 Pandas 库中，以下哪个方法用于检测数据中的缺失值？（　　）

A. missing_value()　　B. isna()

C. find_null()　　D. check_missing()

二、简答题

1. 用 Python 进行数据分析时，如何避免常见错误？
2. 用 Python 进行数据分析时，如何处理重复值？

参考文献

[1] 明日科技. Python 从入门到精通 [M]. 3 版 . 北京：清华大学出版社，2023.

[2] 刘凡馨，夏帮贵. Python 3 基础教程：慕课版 [M]. 3 版 . 北京：人民邮电出版社，2024.

[3] 陈承欢，汤梦姣. Python 程序设计任务驱动式教程：微课版 [M]. 2 版 . 北京：人民邮电出版社，2025.

[4] 王煜林，等. Python 程序设计：微课视频版 [M]. 北京：清华大学出版社，2023.

[5] 江雪松，邹静. Python 数据分析 [M]. 北京：清华大学出版社，2020.

附录　ASCII 表

ASCII（American Standard Code for Information Interchange，美国信息交换标准码）是计算机领域中广泛使用的基于拉丁字母的编码系统。它主要用于显示现代英语，其扩展版本可部分支持其他西欧语言，并且等同于国际标准 ISO/IEC 646。这一标准的统一，为不同计算机系统之间的信息交换提供了基础保障。迄今为止，ASCII 共定义了 128 个字符。其中，33 个字符无法显示（一些终端提供了扩展，使得这些字符可显示为诸如笑脸、扑克牌花式等 8-bit 符号），且这 33 个字符多数是已陈废的控制字符。控制字符的用途主要是用来操控已经处理过的文字。在 33 个字符之外的是 95 个可显示字符，其中用键盘敲下空白键所产生的空白字符也算 1 个可显示字符（显示为空白）。

1. 控制字符

ASCII 控制字符的编号范围是 0 ～ 31 和 127（0x00-0x1F 和 0x7F），共 33 个字符，见附表 1。

附表 1　控制字符

二进制	十进制	十六进制	缩写	解释
0000 0000	0	00	NUL	空字符［Null］
0000 0001	1	01	SOH	标题开始
0000 0010	2	02	STX	正文开始
0000 0011	3	03	ETX	正文结束
0000 0100	4	04	EOT	传输结束
0000 0101	5	05	ENQ	请求
0000 0110	6	06	ACK	收到通知
0000 0111	7	07	BEL	响铃
0000 1000	8	08	BS	退格
0000 1001	9	09	HT	水平制表符
0000 1010	10	0A	LF	换行键
0000 1011	11	0B	VT	垂直制表符

续表

二进制	十进制	十六进制	缩写	解释
0000 1100	12	0C	FF	换页键
0000 1101	13	0D	CR	回车键
0000 1110	14	0E	SO	不用切换
0000 1111	15	0F	SI	启用切换
0001 0000	16	10	DLE	数据链路转义
0001 0001	17	11	DC1	设备控制 1
0001 0010	18	12	DC2	设备控制 2
0001 0011	19	13	DC3	设备控制 3
0001 0100	20	14	DC4	设备控制 4
0001 0101	21	15	NAK	拒绝接收
0001 0110	22	16	SYN	同步空闲
0001 0111	23	17	ETB	传输块结束
0001 1000	24	18	CAN	取消
0001 1001	25	19	EM	介质中断
0001 1010	26	1A	SUB	替补
0001 1011	27	1B	ESC	退出键
0001 1100	28	1C	FS	文件分割符
0001 1101	29	1D	GS	分组符
0001 1110	30	1E	RS	记录分离符
0001 1111	31	1F	US	单元分隔符
0111 1111	127	7F	DEL	删除

2. 可显示字符

ASCII 可显示字符的编号范围是 32 ～ 126（0x20-0x7E），共 95 个字符，见附表 2。

附表 2　可显示字符

二进制	十进制	十六进制	字符
0010 0000	32	20	空格
0010 0001	33	21	!
0010 0010	34	22	"

续表

二进制	十进制	十六进制	字符
0010 0011	35	23	#
0010 0100	36	24	$
0010 0101	37	25	%
0010 0110	38	26	&
0010 0111	39	27	'
0010 1000	40	28	(
0010 1001	41	29	)
0010 1010	42	2A	*
0010 1011	43	2B	+
0010 1100	44	2C	,
0010 1101	45	2D	-
0010 1110	46	2E	.
0010 1111	47	2F	/
0011 0000	48	30	0
0011 0001	49	31	1
0011 0010	50	32	2
0011 0011	51	33	3
0011 0100	52	34	4
0011 0101	53	35	5
0011 0110	54	36	6
0011 0111	55	37	7
0011 1000	56	38	8
0011 1001	57	39	9
0011 1010	58	3A	:
0011 1011	59	3B	;
0011 1100	60	3C	<
0011 1101	61	3D	=
0011 1110	62	3E	>

续表

二进制	十进制	十六进制	字符
0011 1111	63	3F	?
0100 0000	64	40	@
0100 0001	65	41	A
0100 0010	66	42	B
0100 0011	67	43	C
0100 0100	68	44	D
0100 0101	69	45	E
0100 0110	70	46	F
0100 0111	71	47	G
0100 1000	72	48	H
0100 1001	73	49	I
0100 1010	74	4A	J
0100 1011	75	4B	K
0100 1100	76	4C	L
0100 1101	77	4D	M
0100 1110	78	4E	N
0100 1111	79	4F	O
0101 0000	80	50	P
0101 0001	81	51	Q
0101 0010	82	52	R
0101 0011	83	53	S
0101 0100	84	54	T
0101 0101	85	55	U
0101 0110	86	56	V
0101 0111	87	57	W
0101 1000	88	58	X
0101 1001	89	59	Y
0101 1010	90	5A	Z

续表

二进制	十进制	十六进制	字符
0101 1011	91	5B	[
0101 1100	92	5C	\
0101 1101	93	5D	]
0101 1110	94	5E	^
0101 1111	95	5F	_
0110 0000	96	60	`
0110 0001	97	61	a
0110 0010	98	62	b
0110 0011	99	63	c
0110 0100	100	64	d
0110 0101	101	65	e
0110 0110	102	66	f
0110 0111	103	67	g
0110 1000	104	68	h
0110 1001	105	69	i
0110 1010	106	6A	j
0110 1011	107	6B	k
0110 1100	108	6C	l
0110 1101	109	6D	m
0110 1110	110	6E	n
0110 1111	111	6F	o
0111 0000	112	70	p
0111 0001	113	71	q
0111 0010	114	72	r
0111 0011	115	73	s
0111 0100	116	74	t
0111 0101	117	75	u
0111 0110	118	76	v

续表

二进制	十进制	十六进制	字符
0111 0111	119	77	w
0111 1000	120	78	x
0111 1001	121	79	y
0111 1010	122	7A	z
0111 1011	123	7B	{
0111 1100	124	7C	|
0111 1101	125	7D	}
0111 1110	126	7E	~

图书在版编目（CIP）数据

Python程序开发案例教程 / 阮进军，李春秋主编. 北京：中国人民大学出版社，2025. 8. --（新编21世纪高等职业教育精品教材）. --ISBN 978-7-300-34086-9

Ⅰ. TP311. 561

中国国家版本馆CIP数据核字第20252T4F39号

安徽省高等学校省级质量工程项目——优质教材

新编 21 世纪高等职业教育精品教材 · 电子与信息类

Python 程序开发案例教程

主　编　阮进军　李春秋

副主编　祖　婷　鹿建银　司均飞

参　编　李　荣　李晓晴　陈　凯　陈祥俭　罗　艳　胡　勋　钱鉴青
　　　　徐　果　高　朋　陶　路　蔡继永　潘洪志　潘晓莉

主　审　郑尚志

Python Chengxu Kaifa Anli Jiaocheng

出版发行	中国人民大学出版社		
社　　址	北京中关村大街 31 号	**邮政编码**	100080
电　　话	010 – 62511242（总编室）		010 – 62511770（质管部）
	010 – 82501766（邮购部）		010 – 62514148（门市部）
	010 – 62511173（发行公司）		010 – 62515275（盗版举报）
网　　址	http://www.crup.com.cn		
经　　销	新华书店		
印　　刷	天津鑫丰华印务有限公司		
开　　本	787 mm × 1092 mm　1/16	**版　　次**	2025 年 8 月第 1 版
印　　张	12.5	**印　　次**	2025 年 8 月第 1 次印刷
字　　数	272 000	**定　　价**	46.00 元